KB269472

서문문고
281

한국사회풍속야사

임 종 국 지음

자서(自序)

    어느 땐가 TV의 연속 사극에 천민인 이른바 고리백정의 아내가 머리에 비녀쪽을 찌르고 등장한 적이 있었다. 가끔 말썽을 빚는 것이 그런 고증 문제지만, 그러한 백정 족속은 경우 여하를 막론하고 비녀쪽이란 만져 보지도 못하는 물건이었다. 남자는 장가를 들어도 상투를 못 틀었고, 여자는 재주껏 궁리껏 꾸려 붙여서 머리가 흐트러지지만 않게 하고 다녔다.

    매스컴에서 이런 실수를 범하는 것은 우리가 우리 것을 너무 모른다는 데서 오는 결과가 아닐까? 로마가 하루아침에 이루어지지 않았듯이, 우리의 현대 생활도 결코 하루아침에 이루어진 것은 아니다. 20층 빌딩도 기초를 파보면 한옥의 낡은 기왓장이 나오게 마련이다. 아무리 현대화한 생활일망정, 그 근원을 천착해 보면 어딘가에 옛사람들의 훈향은 남아 있게 마련인 것이다.

    이것을 알아야겠다고 생각한 것은 필자의 본업인 문학작품의 이해를 위해서였다. 이광수의 작품은 이광수가 살던 시대의 사람이 되어서 읽어볼 때 그 진미를 발견할 수 있다. 택시를 타는 안목으로써는 가마를 타던 사람들의 고뇌와 사상을 제대로 이해할 방도가 없다. 이를테면 아주 단순한 한 마디 '천착을 할 놈'이라는 욕 속에도 방대한 역사적 배경이 숨어 있다. 대원군의 탄

압으로 이른바 천좍쟁이[천주학쟁이]들이 목잘려 죽던 개화와 수구의 벅찬 갈등이…….

본업인 문학작품의 이해를 위해서 한 노릇이 그런 방대한 옛 생활을 혹시나 잘못 말하지 않았나 싶어서 두려워진다. 그러나 이 방면의 연구는 언제건, 누군가에 의해서 반드시 완성되어야 한다. 정쟁(政爭)의 기록만이 역사는 아니다. 우리 조상의 90%인 서민들이 무얼 먹고, 무엇을 입고, 어디서 살아왔는가? 서민들의 5천 년 생활사야말로 역사의 더 중요한 측면이라면, 현재의 입장에서 우리는 역사를 잃어버린 민족이라 해도 결코 과언은 아닐 것이다.

이 책은 그런 잃어버린 것을 되찾기 위한 '첫걸음마'에 지나지 않는다. 그러나 아장아장 걷기 시작한 아기는 언젠가는 커서 헌헌장부가 되어 주지 않을까? 난삽한 고증에만 치우치지 않기 위해서 되도록 일화·야화 등속을 많이 다루었고, 따라서 읽기에 지루하지는 않으리라고 생각한다. 필자로서는 다만 여러분의 많은 질정과, 또 누군가의 관심을 끄는 계기가 되어 주기를 바랄 뿐이다.

1979년 9월　　　지은이

차 례

한국사회풍속야사

제1장 생활과 풍속의 야화(夜話)

1. 최초의 요정 정문루(井門樓)

장작불을 못 땐 기생방

시장하면 주막에 들러서 요기를 했다. 가다가 날이 저물면 객줏집을 찾았고, 더러는 솟을대문 집에서 하룻밤 과객으로 신세를 졌다.

이 밖에는 경(京)이건 향(鄕)이건간에 식당도 요릿집도 없었다. 그럼 나그네 대접하는 범절이며 우의(友誼)를 두텁게 하는 자리는 어디인가? 과객도 과객 나름이지만 대개는 찬비(饌婢)라 해서 식모나 찬모(饌母)들의 소관이다. 그렇지만 객첩(客妾)을 바쳐야 할 만큼 황송한 손님이 들면 한때 한국에는 딸이나 첩으로써 귀한 손님의 시침(侍寢)을 들게 하는 예도(禮道)가 있었는데 그것이 객첩이다. 그리하여 그만큼 소중한 손이 들면 비록 대감 댁이지만 마님이나 아씨네들이 비장한 솜씨로써 선을 보였다.

그러니까 사대부의 집에는 그 집안의 가도(家道)를 말하는 음식이 으레 세전되게 마련이었다. 이를테면 장동(壯洞) 김대감 댁에는 송절주(松節酒)가 명물이라거나, 또 회동(會洞) 정판서 댁은 도미를 잘 쪄야 며느리로서의 격이 선다는 식이었다. 약과·약식·약포는 원

래가 달성 서씨(達城徐氏) 세전의 음식이다. 서해(徐
嶰)의 미망인 이씨 부인이 생활의 수단으로 만들어 팔
면서 집안을 일으키고 아들인 약봉(藥峯) 서성(徐渻)을
대과에 급제하게 하면서부터 세상에 전파되었다.

이리하여 기생들은 사랑(舍廊)놀음으로 대감댁에 불
려갔지만 조리(調理)와는 도대체 무관하였다. 그럼 풍
류객이 제 집을 찾았을 때는 어찌했을까? 기생이라 해
도 역시 찬비는 두고 살았고, 이 외에 조방군(助幇軍)
이라 해서 일종의 비서와 비슷한 것이 있었다. 그 밖에
도 행랑아범 비슷한 잡역부들이 있었다. 요리는 고사하
고 반반한 식당 하나 없었으니까, 기생방 술상·밥상은
이들이 두량하고 주관했다.

소 잡고 도야지를 삶을지언정 기생방 음식의 조리에
는 장작을 못 지피는 것이 철칙이었다. 잎나무라 해서
솔잎이나 가랑잎으로 불을 때는데, 가령 무식한 기생이
멋모르고 장작바리나 들여놓았다 하자.

"이년아! 오입쟁이 싸움 붙여 놓고 홍두깨찜질하는
꼴을 보자고 장작을 들여?"

그럴 수밖에 없는 것이, 운현청직(雲峴廳直)이, 대궁
청직(大宮廳直)이 하면서 오입쟁이, 기둥서방들끼리 경
우 다툼, 호기 다툼으로 패싸움을 일삼는 세상에는 장
작이란 마치 안성맞춤인 무기, 그러니까 기생들이 그것
을 들이지 않는 것은 위험한 무기를 가까이하지 않는다
는 심려였다. 가령 법도를 어겼다 하자. 이른바 '서방을
떼이는' 형벌로 욕을 보지만 직접 기생에게는 아니고 기

생을 대신한 기둥서방이 볼기를 맞는 사형(私刑)을 당한다.

이리하여 옛날의 기생방은 오늘 우리가 상상하는 것처럼 그렇게 화려한 세상은 못 되었다. 삼층장·경대는 고사하고 목침에 화로·요강도 못 들여놓았으니, 싸움 한번 붙었다 하면 집어던지고 박살이 나는 탓이었다. 그럼 기생방 세간이자 살림살이는 어땠는가? 윗목 천장에 덩그렇게 매달린 대소쿠리가 하나, 거기에 철 따라 갈아입을 옷이 들었는데 좌석의 분위기가 험악해지면 기생들은 우선 이것부터 떼어 들고 꽁지가 빠지게 도망을 쳤다.

명색 기생방 세간살이가 이 지경이니 객줏집 봉노방은 말해 뭣하랴. 그나마 반닫이라도 구경했다면 이패(二牌)라 해서 은군자(隱君子)들의 집인데, 이들은 기생과 달라서 남모르게 매춘을 일삼았다. 이 밖에는 떡전거리에 펼쳐진 떡목판이며 고갯마루의 노점, 또 설렁탕집과 노천(露天) 간이음식점이자 모주(母酒)간 정도가 나그네의 휴식처였다. 구한국 시대에는 요정도 식당도 없고 주막과 객줏집이 고작이었다.

최초의 요정 정문루

그러니까 식당이건 요릿집이건, 외국인이 거주한 이후에 생긴 것이다. 그들이 거류한 역사는 1882년 8월 16일, 하나부사가 다시 공사관을 개설한 때로 그 이전만 해도 4대문 안 10리는 양인(洋人)·왜인(倭人)을 막론하고 들이지 않는 것이 관례였다. 그러니까 1880년 4월에 창설된 최초의 일본 공사관만 하더라도 위치는 서대문 밖 청수관(淸水館)이라는 곳이었다. 이것은 임오군란 때 난군의 습격으로 일부가 소실당했다. 그리고 본국으로 철수한 하나부사는 그후 금위대장 이종승(李種承)의 집에다 다시 공사관을 개설했는데, 위치는 지금 충무로 2가 80번지 및 그 서남방 일대다.

이렇게 거주하기 시작한 외국인들이 1884년에는 청인(淸人) 2천 명과 일인 백여 명으로 불어나기 시작했다. 그러나 이때만 하더라도 진고개 일대에는 게이샤(藝妓:일본 기생)는 고사하고 여염집 부녀자라도 왜각씨(倭閣氏)는 구경하기 어려웠다. 드문드문 한국인 가옥을 쓰고 섞여 사는 일본 사람들의 세대(世帶)에서 여자라고는 단 두 사람, 공사관 부근에 과자점을 차린 어느 일인이 아내와 여동생을 거느리고 있었을 뿐이었다.

이리하여 이들의 인기는 진고개 일대에서 비상하였다. 공사관 직원들은 먹고 싶지도 않은 과자를 사러 다니다 마침내 배탈까지 나는 사람도 있었다. 남촌(南村)·북촌(北村)의 어른과 아이는 과자보다도 왜각씨 구경을 하고 싶어서 뻔질나게 진고개로 드나들었다. 요릿집은 그보다 1,2년이 늦어서 1885~6년에 개업했는데이름이 전해지지 않았다. 간판도 옥호(屋號)도 없이 아마 설렁탕집이나 모주간보다는 다소 큰 정도였으리라.

이리하여 1887년에 개업한 정문루가 하늘 아래 처음

보는 고급 요정이었다. 그렇지만 시설은 한식 가옥에
객석(客席)으로 고쳐 꾸민 온돌방 두 칸이 전부였고 간
판조차 달지 않았다. 조선 종이에 '주(酒)·효(肴)'라
써붙임으로써 족했던 정문루는 공사관 아래쪽 주자동에
개업했는데 웬걸 기생을 두었겠는가. 나카이(仲居)라
해서, 말하자면 식모 겸 고등 작부(高等酌婦) 두어 사
람이 하숙에서 통근했을 뿐, 주인은 그 해에 도한(渡
韓) 이몽 에이타로(井門榮太郎)였다.

그렇지만 정문루는 이 땅에서 일본 요리의 원조요 또
최초의 고급 요정이었다. 그럼 그보다 늦게 개업한 개
진정(開進亭)은 양요리의 원조였다고 할까. 충무로 2가
의 개진정은 정원이 비교적 넓어서 축하회며 송별회 등
으로 단체 손님이 들곤 하였다. 그밖에는 남산정(南山
亭:주자동)이며 송본루(松本樓:공사관 정문 북서편)가
고급 요정으로 손꼽혔다. 그런데 일인이 경영하던 여관
은 그 무렵 모두 아르바이트로 요정을 겸하고 있었다.
숙박업 전문이라곤 오직 이치가와(市川) 여관이 하나,
대관(大官)·신상(紳商)이 묵던 방 여섯 개가 그때는
적어도 국영호텔 급으로 군림하고 있었다.

밀선 타고 건너온 왜각시

그렇지만 그 어느 요정에서도 나카이(仲居)라면 모를
까 이른바 게이샤는 두지 못했다. 그것은 모리다(森田
熊夫)의 《조선도항일기》로써 저간의 사정을 설명해

보자. '1895년 4월 18일이다. 오사카(大阪)를 출범한 53톤의 정중환(正重丸)은 대마도(對馬島)·욕지도(欲智島)·고금도(古今島)를 거쳐서 5월 11일에 인천에 도착했다. 바다가 자는 날을 기다려 나흘을 정박, 이리하여 용산(龍山)에 도착한 것은 오사카를 떠나서 한 달이 걸린 5월 16일이었다.

엎친 데 덮쳐서 그 무렵은 식모 하나를 데려오는 데도 영사의 신원증명을 요구할 만큼 여권수속이 까다로웠다. 그러니 어느 겨를에 2개월씩 걸려서 기생 하나를 데리고 올까? 그러니만큼 호박이라도 치마만 둘렀다 하면 우선 시세가 뛰어올랐다. 그리고 그 시세는 당시 일인들이 거의 전부 홀아비로 건너와 있었다는 사정 때문에 그야말로 천정부지였다.

희비극은 그래서 속출하였다. 세월이 좋다고 들은 아마쿠사(天草島) 일대의 섬여자들은 밀선으로 2개월 이상을 풍랑과 싸워가면서 밤중에 몰래 상륙하였다. 요시와라(吉原)의 창가(娼街)에서는 천업부들이 한국에 있는 아는 사람에게 임시조건으로 혼인신고를 부탁하여 아내라는 자격으로 도항하기도 했다. 그렇지만 여자가 워낙에 세가 나니까 남자가 추근거리기 일쑤, 혹은 약속대로 이혼을 안해 주니까 울며 겨자 먹기로 2, 3백원씩 절연금(絶緣金)을 지불해 가며 요정·화류계로 진출하였다.

그 시절 게이샤라면 오직 한 사람 마쓰이(松井) 아무개가 1888년에 데리고 들어온 후쿠스케(福助)라는 여

자가 있었다. 정문루 시절의 나카이들은 열이면 열 사
람이 밀선을 타고 건너온 무허가 작부이니만큼 그들의
질이란 도대체가 수준 미달이었다. 이들 무허가 작부
제1호가 역시 아마쿠사 섬에서 건너온 오가와(小川)라
고 하는 여인이었다. 그후 1892년 5월 풍속 궤란을 보
다 못한 영사가 3년의 재류금지처분을 내렸는데, 이 오
가와는 여자로서 퇴한명령(退韓命令)을 받은 최초의 인
물이 되었다.

이렇게 뿌려진 악의 씨들은 그후 청일전쟁으로 일인
들의 내왕이 활발해지면서 한층 더 번성해 가고 있었
다. 즉 1895년, 이 해는 청일전쟁이 일어난 바로 다음
해다. 후지이(藤井利平)는 주자동 헌병대 관사 북편에
요릿집 국취루(掬翠樓)를 개업하였다. 얼마 뒤 충무로
2가에 목야루(牧野樓), 또 주자동에 이엽정(二葉亭)이
생기고 , 1896년에는 유명루(有明樓)며 도산정(稻山
亭)·궁본루(宮本樓) 들이 생겨서 요정도 10여 개로
불어났다.

그해 가을 영사관에서 게이샤를 두도록 허가를 했다.
아니 '게이샤가 아니면 객석에서 가무음곡(歌舞音曲)을
행할 수 없다'고 해서 무허가 작부들을 취체하였다. 그
러자 요릿집에서는 노래마디나 하는 나카이들을 뽑아서
게이샤 감찰을 받게 하였다. 이리하여 하루아침에 게이
샤로 출세한 지난날의 무허가 작부들, 그때 제1호 게이
샤 감찰의 주인은 방년 19세로 통하던 국취루의 오다
키(小瀧)이고, 제2호는 고도부키(壽)라는 교토(京都)

미인이었다. 그리고 이때부터 진짜 게이샤들이 하나씩 둘씩 수입되면서 화류계는 자꾸만 번창해 갔다.

손택(孫澤) 호텔 성수기

양요릿집은 손택(孫澤) 호텔이다. 그 주인은 알사스 로렌에서 출생한 미스 손택으로, 형부인 웨벨이 1885년에 주한공사로 부임하자 덤처럼 묻어서 들어왔는데 그때가 32세였다. 온화하고 단정한 미모로 형부의 권세를 등에 업고 어느 새 외교계에서 만만찮은 실력자로 성장해 가고 있었다.

이리하여 민비(閔妃)를 알현한 손택은 왕실에서 외인 접대의 소임을 맡아 보았다. 때로는 민비의 측근에서 서양 요리며 서양 음악을 상주하기도 했다. 한편 그는 왕족·대신들을 위해서 서양 식기며 가구들의 수입·설치를 주선하다 마침내는 왕실에서 쓰이는 양물(洋物) 일체를 도맡아 관장하게 되었던 것이다.

예전의 이화여고 일부에 있던 왕실 소유의 토지, 가옥은 손택의 이러한 활동을 가상히 여긴 고종(高宗)이 1895년 손택에게 하사한 것이었다. 이 건물이 구미파 외교관들의 집회소로 이용되면서 1897년경에는 이른바 정동 구락부의 본거지가 되었다. 그 낡은 한식 건물을 헐고 2층 양관(洋館)을 신축한 것이 1902년인데, 이것을 손택 호텔이라 칭하였다.

손택 호텔은 손택의 사저이지만, 아래층은 일반 내객

을 위한 숙소, 집회소, 식당으로 개방되었다. 2층은 귀빈 전용인 특별실이었다. 을사5조약은 1905년 11월 17일에 조인되었다. 이때 이토 히로부미(伊藤博文)는 조인 1주일 전인 11월 9일에 내한했는데 역시 손택 호텔에 여장을 풀었다.

그런데 배정자(裵貞子)가 제1착으로 이곳을 찾았다. 일설에는 모측의 밀지를 받고 이토의 동정을 살피려 했다는데 배정자의 말은 이와 달랐다. 아무도 없는 방에서 단둘이, 아무튼 심상찮은 관계라도 있다는 듯이 자랑을 삼았다고 한다. 배정자는 지난날 이토의 수양딸로 두 사람은 그 옛날 이토가 오오이소(大磯)의 별장에서 정양할 무렵에 벌써 심심찮은 풍설의 주인이었다.

그렇지만 손택 호텔은 그런 정치적인 성격을 떠나서 한국 최초의 서양 요릿집이었다. 그전에 일본 요정인 개진정(開進亭)에서 양식을 먹을 수 있었다지만 손님이 청하면 한두 가지를 차렸을 정도였다. 따라서 양요리의 소개자이자 원조는 손택인데, 그 무렵 궁중 연회의 일단을 들여다보자.

'謹啓者 本月 二十六日 正午 十二時에 仁政殿 東行閣에서 御午饗을 賜하압실 事로 聖旨를 奉承하와…….'

1909년 3월 19일자로 발행된 사찬회(賜餐會) 초청장의 일부다. 이때의 메뉴를 보면 '乳漿(유장)'이라 쓰고, 다시 '크림'이라 주석을 달았는데, '크림'이건 '아스파라거스'이건 이것은 분명히 양식이다. 그렇다면 '湯(탕)국'이라 한 것은 수프를, 또 '生鮮(생선)'이라 적힌

것은 생선 프라이 같은 양요리가 아니었을까? 대궐의 연회는 품계에 따라 양을 안배하면서 당상관에게 고루 음식을 하사했는데, 빛좋은 개살구라 볼품뿐이지 맛이 없었다는 정평이었다.

손택 호텔에 드나든 정객은 이완용(李完用)·서재필(徐載弼)·윤치호(尹致昊)·민상호(閔商鎬)·이범진(李範晉) 들이다. 그리고 아관파천(俄館播遷)의 밀모(密謀)가 이곳에서 성숙했는데, 손택 호텔은 비밀결사의 총본산이었다는 추측도 나온다. 이리하여 손택은 왕실의 일개 요리사에서 구미파(歐美派)·친로파(親露派)들의 다크호스로 등장했다. 1909년에 한국을 떠난 손택은 제정 러시아의 몰락으로 투자했던 돈을 잃고 빈궁 속에서 세상을 떠났다.

그리고 손택 호텔의 부지와 건물은 이화여고에서 매수하여 건물을 헐고 운동장으로 닦아 버렸다. 1902년 이래 약 8년에 걸친 손택 호텔의 영화는, 화월(花月)·국취루·청화정(淸華亭)과 함께 정계의 이면사를 크게 장식했지만, 지금은 흔적도 없는 하룻밤 춘몽이 되었다.

화월(花月)·국취루(掬翠樓)·청화정(淸華亭)

국취루는 후지이(藤井利平)라는 사람이 1895년 봄 주자동에서 개업을 했다. 그후 충무로 2가의 파성관(巴城館) 호텔 터로 옮기더니 다시 주자동으로 이전, 이리하여 1910년의 화재로 기둥뿌리 하나 남지 않았다.

화월은 음식점 겸 가락국수집으로 1897년에 창업하였다. 요정으로 전신한 것이 1900년인데 이때 제1회 신축에 3천 원이 들었다던가. 그 무렵 나락 한 섬 값이 4원인데, 통감부 시절만 해도 하루 평균 이익이 2천 원 이상이었다고 한다. 1922년에는 전날의 감사원 건물을 지어 화월 식당을, 1924년에는 남산동에 화월 별장을, 1930년에는 소공동에 화월 식당 지점까지 내면서 굴지의 재벌로 성장했다.

청화정은 송병준(宋秉畯)의 왜첩(倭妾)인 오오카미(大上勝女), 통칭 오카스(御勝)가 주인인데 1904년경에 문을 열었다. 건물은 오카스가 전날의 정부(情夫) 오오에(大江卓:경부철도 경성 지점장)에게서 물려받은 저동(苧洞)의 한식가옥이었다. 그래서 청화정은 일명 온돌정으로 통했다. 또 주지육림의 연회에서 미처 헤어나기 어렵다 해서 흔히 침몰정(沈沒亭)이라 불렀다.

이리하여 한국 요정사는 호색 통감 이토가 부임하면서 발전기로 접어들었다. 이 무렵 화류계의 패권은 화월·국취루·청화정이 중원(中原)의 사슴을 쫓는 바야흐로 춘추전국시대였다. 국취루는 조선군 사령관 하세가와(長谷川好道)를 비롯한 무관들이 단골이었다. 화월은 이토, 스루하라(鶴原定吉:부통감)를 우두머리로 한 통감부 문관들의 전용 술집이었다. 그런가 하면 청화정은 송병준의 졸개인 일진회 패들의 소굴이어서 흔히 경성 양산박(京城梁山泊)이라 불려지기도 했다. 매국의 영화는 화려하여서 정미칠조약(丁未七條約)의 총본산인 청화정은 옛날 서시(西施)의 궁궐이던 화청궁(華淸宮)을 거꾸로 뒤집은 데서 유래한 이름이었다.

그럼 이 무렵 춘추전국시대의 뒷골목 얘기를 좀 해보자. 국취루의 게이샤도 못되는 나카이 고로(五郎)가 조선군 사령관 하세가와의 정부다. 대관정(大觀亭:전날의 국립중앙도서관)의 군사령관 관사에서 밤마다 애욕을 불태웠는데 정문이건 후문이건간에 보초의 검문이 날카로웠다.

그래서 하세가와는 고로의 자유 출입을 위해서 후문의 보초를 폐지하였다. 그러자 부관인 도죠(東條英敎) 소장이 날카로운 항변을 했다.

"적어도 천황 폐하의 군대인데 일개 여자의 사사로운 출입을 위해서 좌우될 수 있다고 생각합니까?"

"시끄러워! 귀관이야말로 상관 앞에서 무슨 하극상인가!"

이리하여 도죠 소장은 마침내 좌천되고 말았다. 그리고 고로는 하세가와의 총애를 독점하다 그가 전근되자, 일본으로 가서 도쿄 우시고메(牛込)의 저택에서 덧없는 영화를 구가하더니 하필이면 두고 부리는 보이와 눈이 맞아서 무단가출했다. 그후 신바시(新橋) 기생으로 하세가와와의 전력만 팔아먹다가 마침내는 시골 기생으로 영락하였다.

그리고 스야코(艷子)는 이토, 소네(曾稱荒助), 데라우치(寺內正毅)의 3대에 걸쳐 시침을 든 화월의 기생이다. 게다가 소네 통감의 둘째아들 소네 칸지(曾爾寬治)

하고 놀아나기도 했다. 그 끝에 얻은 별명이 당요(唐堯)·우순(虞舜)·하우(夏禹) 3대를 섬겼다 해서 요순우예군(堯舜禹藝君)인데, 이토는 원래가 호색이어서 스야코 이외에도 여자가 부지기수였다.

그 중 특히 총애한 것이 일금 4천5백 원으로 낙찰시킨 신바시 기생 죠코(條子)와 비파를 잘 타는 요시다 타케코(吉田竹子)였다. 이토 시절의 통감 관저는 기생·건달·만담꾼이 무상출입하여서 마치 뒷골목 부랑자의 소굴이나 다름없었다.

오카스는 송병준의 첩이 되기 전에 오오에를 거쳐서 시마우치(島內義雄)라는 애인이 있었다. 그런데 시마우치의 아내가 죽자 송병준을 차 던진 채 후실로 들어앉았다. 이리하여 서시의 화청궁 아닌 청하정의 영화는 끝났다. 남은 것은 일진회 패들이 놀아나던 추잡한 이야기들 하며 매국의 총본산이었다는 불명예였다. 그리고 시마우치 가스죠(島內勝女)로 가정부인이 된 오카스는 그 많은 일진회 패들의 외상술에도 불구하고 돈 10만 원 대의 재벌이 되어 있었다.

명월관(明月館)과 한국 요정

조선 요릿집은 광교 남쪽 기슭에 수월루(水月樓)가 있었고 서린동에는 혜천관(惠泉館)이 있었다. 일본 요릿집이 번창하자 그 영향으로 생긴 것인데 애당초는 요릿집이 아니라 목욕탕이었다. 그러니만큼 영업방식이

특이하였다. 수월루는 모르지만 혜천관은 혜천탕으로
출발하였다.

'본 탕에서 면목을 일신 중슈하고 음력 팔월 일일에
개시하압난 바 욕실이 정결하고 탕슈가 증청하야 혜천
이자를 남의게 사양치 안이하갯스며 또 신선한 과자와
향긔로운 각색 슐이 구비하오니 사방 첨군자 왕림하시
면 본 탕에 영광이오니 죠량함. 혜쳔탕 고백'

1904년 9월 7일 〈제국신문〉에 실린 혜천탕의 신장
개업 광고다. 그런가 하면 그해 11월 17일의 〈제국신
문〉에는 역시 다음 광고가 실렸다.

'본쇼에 목욕간이 정결하고 됴흔 슐과 각종 과품이며
본국 요리가 구비하압고 또 입에 맞게 쟝국밥을 설시하
엿사오니 첨군자난 왕림하시믈 복망하오. 혜쳔탕 고백'

이리하여 초창기 요정은 요정 전업(專業)이 아니라
목욕·이발·다방·식당에 요정까지를 겸하고 있는 형
식이었다. 그러니만큼 목적도 향락과 사교 중심이어서
목욕하는 동안에 친구를 기다리고, 혹은 머리를 깎고
차 마시는 친구를 목욕이나 하면서 기다리고……. 이렇
게 기다림이 끝나면 기생을 불러서 질탕하게 유흥했는
데, 교자(轎子)로 요릿상을 배달한 것은 수월루와 조선
관이 아니라 그보다 나중에 생긴 윤병규(尹炳奎)의 혜
천관이 처음이었다.

이리하여 대감들은 사랑(舍廊)놀음으로 기생을 불러
가면서도 그전처럼 숙수간(熟手間), 즉 임시 주방을 마
련하지 않았다. 그리고 이때쯤 기생들도 풍속이 변해서

광교 조합이니 다동 조합이니가 생기면서 이른바 무부기(無夫妓) 시대로 접어들었다. 전날의 기생은 유부기(有夫妓)라 해서 각 전(殿)의 별감배(別監輩)나 포도군관(捕盜軍官)·정원 사령(政院使令) 등으로 기둥서방을 삼았고, 또 그래야만 기생영업을 할 수 있었다. 그렇지만 세태가 변하자 영남기생, 강계기생들이 대거 서울로 모여들어서 본바닥인 한양 기생들을 구축했다. 따라서 그 신출내기들에게 기둥서방이 없었기 때문에 이른바 무부기들이 출현하면서 화류계의 인정·세태는 변해 갔던 것이다.

그럼 명월관은 어떠했는가? 1909년, 안순환(安淳煥)이 지금 〈동아일보〉 자리에 이를 개업하면서 혜천관은 형세가 기울어졌다. 주인 윤병규는 광산에도 손을 댔지만 그렇다고 혜천관은 되살아나지 않았다. 이리하여 혜천관이 폐업한 후로는 명월관의 독무대였다.

그 무렵 기생들은 모두 권번(券番)의 전신인 기생조합의 소속이었다. 즉 1908년에 창립된 다동 조합은 대정(大正)권번의 전신, 이것은 이른바 평양 기생인 무부기들의 조합이었다. 그보다 좀 늦은 광교 조합은 전통적인 일패(一牌) 기생들이 중심인데 한성 권번으로 발전했고, 이리하여 4권번이라고 하면 유명무실했던 대동 권번과 일인들의 경성 권번·중(中) 권번·신정 권번, 즉 창기조합이 빠지고 한성·한남·대정·조선의 네 권번을 가리키는 것이 관례였다.

바·카페·양식점

화류계는 1918년 무렵이 전성기였다. 그때 기생들은 요즘처럼 직접 요정 소속이 아니었다. 손님이 지명을 하면 권번으로 연락해서 데려오는데, 인력거에 앉아서 가는 기생들의 맵시가 요즘에 비해서 여간 운치 있는 게 아니었다.

이렇게 불려간 기생들은 인력거비를 제하고 시간당 1원30전의 해우채[解衣債:화대]를 받았다. 그러면 97전 5리가 기생들의 실수입이고 잔액은 요릿집과 권번에서 수수료로 공제, 그리고 기생들은 그 실수입 중에서 매월 5원씩의 영업세를 물었다. 1914년에는 한 시간에 1원30전, 두 시간에 2원30전, 세 시간에 3원이요, 이후 한 시간마다 30전을 가산했는데, 참고로 그 무렵의 화폐 가치를 말해 보면 1914년에는 쌀 10되에 1원20전, 1918년에는 2원70전이었다.

이리하여 그때만 해도 기생 사회는 인심이 후했다. 이름 있는 변사(辯士)나 가수, 그 밖에도 좀 특이한 인기인들이 생기면 기생들은 서로 경쟁하면서 인력거로 청해 들였다. 화대는 물론 요릿값 술값까지 기생이 부담하는 극진한 환대를 받던 끝에 몸을 망친 대표적인 인물이 아편쟁이로 걸인으로 전락한 왕년의 변사 서상호(徐相昊) 같은 사람이다.

패가망신의 비극은 이 밖에도 기실 허다하였다. 10원짜리 지폐로 기생 콧물을 닦아 버렸다는 최모, 부친

이 죽자 방갓 쓴 채로 올라와서 30만 원을 1년 안에 탕진했다는 전라도 출신인 속칭 김방갓, 또 키다리 취홍(翠紅)이라는 기생 치마폭에다 지위도 명망도 더욱이 독립투사라는 관록까지도 고스란히 묻어 버린 임시정부 거물의 동생인 여(呂)모 등이 있었다. 구한국시대에는 부와 권력이 아직 분화되지 않아서 정치적인 지배계급이 바로 경제적인 지배계급이었다. 그들 명망 있는 재산가들이 새 시대의 자본가로 전신(轉身)하지 못한 채 대부분 몰락한 것은 그들의 보수성과 기타 여러 가지 요인이 있지만 요정·기생·건달들의 집결체인 화류계 생리가 책임의 태반임을 모면할 수는 없었다.

그런데 이같은 희비극 속에서 안순환은 지금 태화여자관(泰和女子館) 자리에다 명월관 지점을 개업하였다. 그리고 명월관 본점이 불타 버리자 남의 손에 넘기고 식도원(食道園)을 차렸다. 국일관(國一館)은 그보다 먼저 생겨서 요새도 명맥을 유지하고 있다. 그후에는 기생 최춘홍(崔春紅)이 설립한 춘경원(春景園), 동료기생 김옥교(金玉嬌)의 천향원(天香園), 또 동명관(東明館)·조선관(朝鮮館)·송죽원(松竹園)·유일관(唯一館) 등 기타 이름난 요정이 있었는데, 요즈음의 바라는 곳이다. 그러나 옛날 이름으로 카페는 필자가 아는 한 1914년 카페 후지(富士)가 처음이다. 그후는 을지로 2가의 카페 은송정(銀松亭)이 1921년, 또 명동 2가의 마루빌 회관이 1926년에 생겼다. 이 무렵에 들어서면서 요정은 패권을 카페에게 빼앗기는데 한국인 경영으로는 관철동에 카페 왕관(王冠:주인은 崔益柱)이 있었다. 이 밖에는 종로 2가의 카페 엔젤에 한국인 여급들이 많았다.

　양식점은 1911년 11월에 박영래(朴永來)가 개업한 것으로 광통방 정자동(지금 관철동 부근)에 초선각(招仙閣)이 있었다. 그렇지만 이서구(李瑞求)씨는 서울에서 제일 처음 개점된 곳이 청목당(靑木堂:현 제일은행 본점 서쪽)이요, 그 다음이 YMCA 식당, 그 다음이 백합원(百合園)이라 했을 뿐, 초선각에 대한 언급이 없었다. 연대의 기록이 없으니까 그들 상호간의 선후의 관계는 알 수 없다.

2. 주막 · 여관의 세시(歲時) 풍물기

주막집 공당 풍월

구름 흘러가는 물길은 7백 리, 그렇다고 어느 시인처럼 달빛 아래 흔들리며 갈 것은 없다. 술이 익었겠다, 저녁노을을 지고 마을에 들면 하룻밤 과객질을 안하더라도 주막집의 차지 않은 아랫목, 그러니까 거긴 거기대로 있게 마련인 멋, 그것을 찾아서 정승 황희(黃喜) 같은 사람도 주막집 신세를 졌던가보다.

그렇지만 미행길인 황희의 차림새가 정승 같지는 않았던가보다. 그러니까 뒤에 든 으리으리한 향반(鄕班)에게 자리를 빼앗기고 밀려날밖에 없었다. 그쯤만 같아도 좋았을 것을, 이 으리으리한 시골 양반은 잔뜩 황희를 깔본 끝에 말을 붙였다. 보아하니 진서(眞書)는 할 것 같지 않고 하니 우리 언문 풍월일망정 내기나 한번 하자고.

이리하여 그날 밤 정해진 운(韻)이 '공' 자 · '당' 자 두 자였다. 그리고 두 사람이 주고받을 언문 풍월을 황희가 첫 구를 읊어 가로대,

"어디까지 가는공?"

"서울까지 가는당."

"무엇 하러 가는공?"

"과거 보러 가는당."

"벼슬길이구먼? 내가 하나 마련해 주면 어떤공?"

"실없는 소리하지 말란당."

이리하여 하룻밤 나그네들의 언문 풍월은 가근방 삽사리가 잠들면서 마침내 끝나고 말았다. 날이 밝으면 또 제각기 행장을 수습하고 서울로 떠나야 하는 두 사람이었다. 그런 며칠 후 과장(科場)에서다. 시관(試官)인 황희가 내려다보니 저만큼 구석진 자리에서 으리으리한 시골 양반이 열심으로 답안을 초(草)하지 않는가? 시험이 끝난 후 가까이 가서 물어 가로대,

"과거는 잘 보았는공?"

기억에 있는 말투요 음성이었다. 그래서 시골 으리으리한 양반이 고개를 들고 보니까 아차! 이건 큰일이 나도 이만저만 큰일이 난 것이 아니었다. 허름하다고 보고 희롱을 거듭한 그 노인이 실은 일국의 영의정이자 오늘 과장의 시관이 아닌가! 그 순간 시골 그 으리으리한 양반은 고개를 땅에 닿도록 조아리면서 엉겁결에,

"죽어지이당."

하고 예의 주막집에서의 운자(韻字)까지 붙여 가면서 소리를 쳤던 것이다.

그런데 황희가 그 양반을 발칙한 놈이라고 곤장 몇 도(度)로 다스렸다면 주막집 구수한 맛도 반감되었을 것이다. 아닌게아니라 파안대소하면서 황희는 흔연 대접, 아무튼 그 시골 양반은 하룻밤 '공·당' 풍월에 덕을

입어서 출세의 실마리가 풀렸었다.

주막집 때문은 목침처럼 소박하고 구수한, 그렇기 때문에 누구나 알 만하게 회자된 위의 이야기는 옛날 주막집에 얽힌 여러 이야기 중에서도 가장 대표적인, 그러니까 가장 주막다운 주막집 이야기가 아닐까 한다.

오류동 주모에게 간(肝)을 씹히고

주막은 나그네가 하룻밤 쉬어서 가는, 말하자면 옛날의 여관이다. 그렇지만 주막은 객줏집이나 여각(旅閣)·원관(院館)과 달라서 이 비슷한 모든 영업 형태 중에서도 가장 소박하다는 특징을 갖고 있었다.

그렇기 때문에 주막은 전국 방방곡곡에 손쉽게 차릴 수 있는 것이다. 그 영업주는 대개 남의 소실이 아니면 일선에서 물러난 작부들이었다. 그리하여 주막은 삼남대로를 비롯한 전국의 가로망과 그 부근 일대의 큰 마을, 소읍 또 선착장이며 장터거리는 말할 것 없고 광산촌과 기타 여하한 산간 벽촌일망정 으레 존재하게 마련이었다.

그런데 이들 대소 주막은 원래가 술을 파는 것이 본업이었다. 도회지의 주막은 대체로 음식점이 전업이지만 시골은 여인숙 겸업이었다. 그런데 드나드는 사람이라고 양반 또는 상민이어야 한다는 법은 없었다. 더러는 갈보라 해서 매춘부 겸 작부를 두기도 했고, 경우에 따라서는 경영주인 주모(酒母) 스스로 손에게 시침(侍

寢)을 들기도 하던 주막은 반상(班常)을 가리지 않고 출입하면서 하룻밤 노독을 풀곤 했었다.

'경성·인천의 중간 지점이 오류동이다. 오류동은 상당히 큰 부락이지만 기와집은 관원(官員)의 주택 한 집뿐 나머지는 전부 초가집이다. 부락민의 영업은 농업 이외에는 거개가 음식점과 숙박업인데 거기 단 한 집 일본인 여관이 있었다. 경인가도는 낮 동안 내왕하는 자 2,3백 명 이상으로 가마를 타는 자, 말을 이용하는 자, 걸어가는 자, 짐만 말에 실리고 이것을 끄는 자, 지게꾼을 거느린 자, 아무튼 그 모습은 연락 부절이었다. 그리고 이곳 오류동이 점심때 닿는 곳이라 매일 정오 이후 한 시 반경까지는 온통 마을이 법석이었다.'

에밀 뮈텔이 기록한 이상 일절에서 음식점이란 바로 주막이다. 그러니까 이 글은 서울과 인천을 여덟 시간이나 걸려서 내왕하던 시절의 오류동 주막거리에 대한 묘사다. 여덟 시간이라지만 왕복 8원으로 고용한 가마꾼들이 '오류동 주모에게 간이라도 씹힐' 양이면 저물어 인천에 닿기도 쉽지 않았다. 그래서 오류동의 한다는 주모들은 마침내 유명해져서, 흔히 노자를 많이 썼거나 시간이 너무 걸렸을 경우 '오류동 주모에게 간을 씹혔다' 또는 '씹히고 왔다'고들 했던 것이다.

시골 주막집에 대해서 비숍 여사의 여행기가 말해주고 있다. '길가 헛간인가 할 만한 것이 처마 밑에 말먹이통과 말뚝이 있음으로써 겨우 여관인가 하게 된다'고. 이리하여 그가 남긴 여행기에 기록된 주막집 풍경은,

'장지문을 밀치고 안으로 들면 흙으로 된 바닥에 거적자리를 깐 것이 방이다. 각재(角材)를 5,6치 정도로 켜서 자른 베개 대여섯 개가 아무렇게나 거기에 뒹굴고 있다. 이 베개가 암시하는 것처럼 이 방은 나그네 한 사람이 결코 독점할 수 없는 곳이다. 빈부의 차별도, 남녀의 구별도 없이 되는대로 몰아넣는 그것이 관례인 것이다.'

'남녀의 구별도 없이'라 했지만 그것은 외국인의 잘못된 인식이 아닐까? 어쨌든 정승도 시골 양반도 또 일반 백성도 한 방에 들어야만 하는 주막에서, 손이 들면 주인은 청소부터 시작하는 것이었다.

'하지만 청소라고 별다른 공력은 들지 않았다. 거적자리를 털어서 먼지를 한쪽 구석에 쓸어 모을 뿐으로, 그 동안 먼지가 뿌옇게 방에 서리는 것이다. 따라서 먼지는 결국 청소하기 전에 비해서 추호도 감소하지 않을 따름이며, 이 먼지는 실로 무수한 이와 빈대의 소굴인 것이다. 따라서 조심 없이 누울 양이면 밤새 이들의 공격으로 하여 한잠도 잘 수가 없는 것이다.'

그렇지만 주막집 선심은 수더분한 것이 통례였다. 그러니까 숙박은 무료요, 주식대(酒食代)만 받을 뿐, 또 방에 끼어들 틈이 있는 이상은 잠만 자겠다는 나그네조차 거절하지 않았다.

이리하여 비숍 여사도 그의 여행기에서 말하고 있다. '익숙할수록 조선의 주막은 안정(安靜)한 곳이라 취한 말꾼의 얼굴도 또 말의 울음소리도 마침내는 안면(安

眠)을 방해하는 것이 아니었다'고……

역관(驛館) 찰방(察訪)이란 세도 직업

주막이 서민 경영의 여숙(旅宿)이라면 역(驛)은 관영(官營)의 여숙이라 할 수 있었다. 즉, 공문서의 체전(遞傳)과 관물(官物)의 운송, 또 공무를 띤 관리들의 숙박을 위해서 관비(官費)로 설치·운영한 것이 역이요 역관(驛館)이었다.

이것은 주(周)나라 무렵에 시작되어 당·송 시절에 발전했고, 한국에는 신라 소지왕(炤智王) 9년(487) 이래로 시행되었다는 제도다. 그후 고려시대로 들면서는 전국의 도로를 대중소의 3등급으로 구분하고 547개의 역을 설치, 22명의 역승(驛丞)을 임명하여 이것을 관리하면서 그 밑에 역장(驛長)·역정(驛丁)과 역마(驛馬)를 두었다.

이리하여 여대(麗代)의 역은 병부(兵部)가 통괄하면서 이른바 공수전(公須田)이니 장전(長田)·지전(紙田)이니 하는 역에 부속된 국유 전답, 즉 역토(驛土)로써 제반 공채(公債) 및 역리(驛吏)들의 급료를 충당하였다. 그렇지만 고려도 말엽에 들면서는 권문 호족들이 역토를 점거, 그리고 역마는 사사로운 개인이 끌어다 함부로 부려먹으면서 역정(驛政)이 문란할 대로 문란해졌다.

이러한 전례가 있었기에 조선은 특히 역승의 임명에 신경을 썼다. 그리고 세조(世祖)는 역정을 쇄신하여 전

국의 역을 5백38개로 지정하면서 역승을 찰방(察訪)이
라 개칭하기도 했다. 이때 전국 5백38개의 역은 다시
40개의 역군(驛群)으로 묶여지면서 도(道) 또는 우
(郵)라고 불렀는데 5개 내지 10여 개의 역, 즉 한 개의
도나 우마다에 찰방 한 사람씩을 두고 특히 찰방역이라
부르게 했다.

그 밖에는 대체로 고려의 제도를 답습한 것이 많은
형편이었다. 즉 공수전·장전·부장전(副長田)과 급주
전(急走田)·원주전(院主田)·참아록전(站衙祿田) 같
은 이른바 역토는 각 역의 판공비며 역리들의 급료를
위해서 내려진 국유지다. 그리고 역에 따라 10 내지
20여 마리로 배정된 역마들은 장계(狀啓) 또는 관물
(官物)을 싣고 경(京)으로 향(鄕)으로 달리기도 했다.
역은 또 크기에 따라 역리며 역졸(驛卒)들이 5명 내지
10여 명 있었는데 큰 고을에는 더러 백여 명 이상에 달
하는 경우도 없지 않았다.

이리하여 찰방은 이 모든 관내의 속역(屬驛)과 역장
·역리며 역졸·역마들을 관장하면서 어지간히 세도가
당당하였다. 품계로 따지면 6품관(六品官)이라 현감으
로 소읍의 수령급밖에 되지 않지만, 여간한 현령(縣令)
이나 군수도 찰방만은 함부로 대하지 못했던 것이, 찰
방에게는 우편 및 관영 호텔장 격인 사무 외에도 정보
권한이 부여되어 있었기 때문이다.

즉, 암행어사가 오면 대개 그 고을 찰방부터 찾아가
게 마련이었다. 물론 마패를 제시하고 필요한 마필을

조달하기 위해서인데, 마패란 원래 흔히 알고 있듯이
암행어사증(證)이 아니라 각 역이 징발·공급해야 할
마필수를 관의 등급대로 규정한, 말하자면 마필징발영
장 같은 것이다. 하여튼 암행어사가 찰방에게 하명할
것은 승마용 또는 하마용(荷馬用)의 마필을 공급토록
하는 외에도 수하인 졸개들의 숙식 문제 등이 있었다.

사무가 그로써 끝나는 경우는 드물었다. 낯선 고장에
서 어사가 인심·풍속을 파악하자면 우선 찰방에게 물
어 볼밖에 없었다. 그러면 찰방은 또 그 지방 관원들의
비행, 기타 정보를 제공하는 것이 의무였다. 그리하여
눈밖에 난 군수·목사(牧使)는 언젠가 찰방의 혀끝에서
녹아나게 마련이라, 비록 종6품짜리 찰방이지만 소홀하
게 대할 수 없었던 것이다.

이리하여 찰방들은 동헌(東軒) 규모보다 조금도 못하
지 않는 곳에 거처하면서 거들먹거리기 일쑤였다. 마구
간, 즉 역마다 필수적인 마장(馬場)이 좀 떨어진 야산 기
슭에 있고, 그 한쪽 제각(祭閣)에는 역마의 신상(神像)
이 모셔져 있었다. 초하루·보름마다 제주(祭主)가 되어
절을 하는 것도 6품관 관복으로 출사하는 찰방의 소임이
었다. 밑에는 벙거지 차림인 역졸들 이외에도 수십명의
노비를 거느리면서 형옥(刑獄)까지 마련하고 있었다.

원관(院館)으로 운반한 인간 소포

그러나 역과 비슷한 원(院)은 토지만이 관급(官給)됐

을 뿐 건물과 물자의 조달, 또 사무까지도 일체가 지방 유지의 시설이요 출자였다. 이리하여 역관이 관리를 위한 국영 호텔이라면, 원관(院館)은 일반 서민을 위한 반관 반민영(半館半民營)의 여막(旅幕)이었다. 나그네가 하루를 묵고 가는가 하면 주린 자는 밥을, 병든 자는 약을 공급받기도 했다.

그렇지만 그 시작은 역에 비해서 분명한 것이 아니었다. 아마도 고려시대에 창설된 것이 아닌가 한다. 말하자면 무료숙박소 겸 구호진료소라 자선적인 색채가 농후했지만 역이 발달함에 따라 원과 역의 관련은 밀접해졌다. 그리하여 마침내는 양자가 같은 지점에 설치될 수도 있었다는 탓으로 역관이건 원관이건 가리지 않고 역원(驛院)이라 부르기도 했던 것이다.

하지만 서울역이니 천안역이 옛날 우역(郵驛)의 남겨진 흔적이라면, 원의 그것은 조치원·사리원 기타 각처의 지명에서 발견된다. 물론 옛날 원이 설치되었던 곳이기에 생긴 지명인데, 서울 관내인 홍제원이나 이태원도 같은 이유로 생긴 이름이다. 이 밖에는 경기의 장호원·노원·장수원·신원 등이 있다. 간혹 서민의 여막인 원과 인연이 없는 지명도 없지 않아서 광주(廣州)의 분원만 하더라도 사향원(司饗院)의 분원(分院), 즉 왕실용 도자기 작업소가 있었기 때문에 생긴 이름이다.

그리하여 옛날의 한양 관내로 말한다면 홍제원·이태원 말고도 보제원(普濟院)과 전곶원(箭串院)을 합해서 4개 장소에 원이 있었다. 그 중 보제원은 ≪동국여지승람(東國與地勝覽)≫이 기록한 것처럼 '홍인문 외삼리(興仁門外三里)'에 있던 것인데 3월 3일과 9월 중양절에는 기로(耆老)·중신(重臣)들을 모아 이곳 누상에서 사연(賜宴)했는데 안암동 남부로 짐작될 뿐 정확한 장소는 알 수가 없다.

그리고 전곶원 또한 단순히 살꽂이다리〔箭串橋〕 서북이라 기록됐을 뿐 정확한 위치는 남겨지지 않았다. 그렇지만 지난날 유명한 살꽂이다리는 강릉과 광주, 또는 봉은사(奉恩寺)로 향하는 세 개 요로의 출발점이다. 그러니까 이런 사정으로 미루어 생각하여도 원이란 요긴한 길목에 자리잡아야 하는 시설이 분명했다.

지난날 이태원은 흔히 이태원(利泰院) 혹은 이태원(李泰院)으로 기록되기도 하였다. 또 임란 때 귀국하지 못한 일본인들의 자손이 살았다 해서 이타인(異他人)이라 기록되기도 했다. 남산 남쪽에 자개우물이라는 우물이 있었는데 이것이 원의 소속이었다는 말도 있다. ≪용재총화(慵齋叢話)≫에 의하면, 이 일대 넓은 벌판에 절이 있어 수목이 울창했고, 또 빨래하기 좋은 내가 있어서 부녀들의 왕래가 잦았다 한다.

그리고 홍제원이자 옛날의 홍제원은 1895년 무렵까지도 존속하였다. 이곳은 중국 사신이 경(京)으로 들기 전에 마지막 쉬면서 예장(禮裝)으로 갈아입던 곳이다. 이윽고 사현(沙峴)을 넘으면 영은문(迎恩門)에서 상감의 영접을 받고 그 서쪽 모화관(慕華館)에 들어가서 경(京)으로 향할 준비를 했다.

  그렇지만 원이건 역이건간에 조선 말엽으로 접어들면서 마침내는 고려의 전철을 밟고 말았다. 그리하여 1895년에는 문란하던 역원 제도가 폐지되면서 역토는 국유로 환원되고, 그들이 맡아하던 공문 체송의 소임은 우편국의 관할로 계승되었고, 숙박의 업무는 주막이며 여각·객줏집이나 여관이 전담하였다.

  그리고 보발(步撥)이라 해서 말하자면 소포를 지게에 지고 달리던 역졸들이 1907년까지 존속하였다. 그러나 세도하던 일인 관리들이 더러는 제 첩을 보발의 지게에 얹어서 임지로 탁송했다. 그러니까 인간 소포가 분명한 데, 어쨌든 물의가 분분할 수밖에 없었다. 그리하여 보발마저도 폐지되면서 마침내는 역정도 명맥이 끊어졌지만 이래서 생겨난 것이 '왜놈 보발이 짓이나 하라'는 욕이다. 즉, 그것은 일본 첩년들이나 지게에 얹어서 운반하라는 욕이다. 인간 소포를 운반시켰다는 기억은 이렇게 욕 속에 남겨지면서 오래도록 민족의 상처가 된 것이다.

오강(五江) 여각과 경주인(京主人)

  여각(旅閣)은 고장에 따라 여러 다른 의미를 포함하게 마련이었다. 혹은 마방(馬房)이라 해서 마소를 들일 수 있는 주막으로, 혹은 객주업이나 창고업 같은 뜻으로 쓰였다. 그렇지만 일반적으로 말한다면 여각은 마방과 창고의 시설을 구비한 큼직한 여숙이었다. 항구나 강기슭에 자리를 잡고 손을 재우는 한편 쌀이나 기타 담배·소금·건어 등을 취급하였다.

그런 한강 기슭을 두고 이야기하자. 경인철도가 없던, 그리고 경인철도가 생긴 초창기만 하더라도 한강은 오르고 내리는 배들로 하여 일대가 다분히 번잡하였다. 사람들은 경인가도를 말이나 짐꾼으로, 혹은 철도 편으로 화물을 탁송하지 않고 강화로 돌아 거슬러 오르는 수로(水路)를 이용하였다. 그러니까 조희연(趙羲淵)의 삼산(三山) 회사는 1888년 이래로 증기선 용산호(龍山號)며 삼호호(三湖號)를 운항시켰고, 또 세창양행(世昌洋行)의 제강호(濟江號)며 미국인 소유의 순명호(順明號) 등이 뒤따라 취항했다.

한강·용산·삼개〔麻浦〕·서강(西江)과 양화(楊花)나루 일대를 그 무렵 오강(五江)이라 부르곤 했다. 이밖에도 한강을 오르내리던 배들의 중요한 선착지는 서빙고 나루·두모개〔豆毛浦〕 나루·송파나루·광나루·뚝섬 등이었다. 그 중 뚝섬·한남동·서빙고 일대의 여각이 '윗강 여각'이라면 용산·삼개·서강의 그것은 '아랫강 여각'이었다. 그리고 5강 일대에 자리잡은 여각을 '5강 여각'이라 불렀다.

이리하여 윗강, 특히 뚝섬과 서빙고는 한강 상류인 강원도·충청·경기 지방에서 오는 추수곡의 요긴한 양륙처(揚陸處)였다. 아랫강은 강화·황해도·연평도에서 오는 조깃배·새우젓배·포목 종류의 중요한 집산지로서 이 일대의 여각은 살이 찔 수밖에 없었다. 창고료며

구문(어떤 일을 소개해 주거나 흥정을 붙여 주고 그 보수로 받는 돈), 더러는 집산하는 물품을 무역하면서 목돈을 전답으로 바꾸곤 했기 때문에 마침내는 그 많던 한강 부자들의 소굴이 됐던 것이다.

그러니까 5강 일대의 여각은 창고업에 상품중개업까지를 겸한 인마(人馬)의 여숙이라 할 수 있다. 그런데 물상객주(物商客主)가 상업적인 기능을 상실하면 보행(步行) 객주로 숙박업 전문이 되듯이, 상품중개업을 포기한 여각의 주인은 전락하여 경주인(京主人)이라 불리는 사람이 됐던 것이다.

그렇지만 전락을 했다손치더라도 한때는 5강을 울리던 여각의 주인이다. 전국 방방곡곡에 연락을 취할 수 있는 통신망의 조직—그 통신은 방자라 해서 경주인이 거느린, 말하자면 사설 역졸들이 담당하였다. 그래서 경주인의 여각은 선주나 하주(荷主) 아닌 지방 관리들이 단골로 이용하는 여숙인데, 이들 지방 관리를 대하는 경주인의 접대가 기가 막혔다. 숙식은 무상이요 여비도 빌려 주었고, 더러 가난한 신관 사또에게는 의복 일습까지를 맞춰 주었다.

그렇지만 그렇게 들여진 비용 일체는 그들 사또가 돌아간 다음 그들의 관아에다 청구하였다. 몇 배의 이자가 붙은 것은 아니지만 아무튼 엄청난 금액을 청구하는데, 일반 보행객주들보다 갑절이 넘기 일쑤였다.

이 밖에도 경주인은 관아를 대행해서 징세(徵稅) 업무에 종사하는 경우가 있었다. 이때 납세자들은 '경주인

뭇'이라 해서 일종의 부가세를 물게 마련이었다. 그런데 배보다 배꼽이 크다는 격일까? 정작 세금보다는 수고료 격인 '경주인 뭇'이 더 많은 경우도 없지 않아서 원성을 사기도 했다.

물상객주 · 보행객주

크게 보행객주 및 물상객주로 나누어지는 것이 이른바 객줏집이라는 옛날 여관이다. 그 중 보행객주는 숙박업 전문이자 주막보다는 크고 대우가 훌륭한, 말하자면 상류 주막이다. 물상객주는 반대로 숙박업이 부업이요 상품의 보관과 위탁판매 · 중개 등이 전업인, 말하자면 상류 여각이다. 그렇기 때문에 보행객주를 찾는 나그네가 일반 보행객(步行客) 또는 과거객(科擧客)이라면, 물상객주의 손님은 주로 선주 · 하주 기타 상인이었다.

그 중 보행객주에 대해서 비숍 여사의 여행기는 이렇게 말하고 있다. '상류에 속하는 것은 좀 큰 부락이나 읍이 아니면 볼 수 없는데 우선 한 개의 대문이 있다. 대문을 지나면 마당, 그리고 마당을 가로질러 저만치에 이른바 객실이 있는 것이다'라고.

그리고 물상객주에 대해서는,

'내가 평양에서 잡은 여숙은 보통 여숙이 아니라 객주라고 부르는 중매업을 겸한 여숙이었다. (중략) 묵어가는 나그네는 대개가 상인으로, 주인은 그들 나그네를 위해서 돈을 받고 상업의 시중을 들기로 되어 있었다.

그렇기 때문에 날이면 날마다 부르고 불리면서 거래상의 연회가 끊이지 않는다. (중략) 그럼 조선에도 조용한 연회가 있던가? 연회, 즉 훤조회(喧噪會)라는 목청대로 소리를 짜서 노래하고 떠들어대는 굉장한 남자들의 집회인 것이다. 그렇지만 여관만이 연회장일까? 실은 평양 천지가 온통 연회장이니 나도 그렇게 알 수밖에 없다.'

이리하여 물상객주는 여관보다는 차라리 상업의 기본 단위로서 일정한 구문을 받고 상품의 매입·매각을 주선하였다. 그러자니 상인도 더러는 묵어서 가야 하기 때문에 여관업을 병설했던 격이다.

시세가 낮아서 팔기 싫으면 상인은 객주에게 상품을 맡긴 채 돌아가 버린다. 그럼 객주는 제 집 창고에 상품을 보관하다가 시세가 오른 날에 팔아 주기도 하고, 돈이 모자라서 상품 매입에 지장이 있으면 자금을 융통해 주기도 하고, 상인의 청에 의해서 물건을 매입 혹은 수송해 주기도 했다. 아무튼 장사와 관련된 일 일체에 객주의 역할이 개입했으니 날이면 날마다 객줏집에서 연회가 끊일 날은 없었다.

이리하여 재력이 축적된 객주들은 경제계에 거대한 영향력을 미치기 시작하였다. 그러므로 '동태 객주 셋이 작당하면 동태값 반값을 올릴 수 있다'는 말도 객주들의 그 같은 영향력을 두고 하는 말이다. 이리하여 객주들의 부력이 나날이 축적되면서, 국고가 가난해지자 권력과 재력이 결탁하면서 크게는 정치자금이 객주들의 돈으로 충당되었고, 작게는 오서(五署) 순검(巡檢)들의 잡비며 급료 일부가 충당되었다. 그리고 객주들은 권문세도가에 단골을 대면서 마침내는 상품 아닌 벼슬까지를 거간하는 경우조차 없지 않았다.

객주 사회는 또 그 무렵의 사회 발전에 따라 청선객주(淸船客主) · 환전객주(換錢客主) · 보상객주(褓商客主) 등으로 현저하게 분업이 이루어지기도 하였다. 그러나 신흥 여관업이 발전하면서부터는 마침내 사양길에 들어서게 된다.

신흥 여관업이 발달하기 이전의 사회에는 앞서 말한 주막 · 역 · 원 · 여각과 객줏집 같은 숙박시설을 제하고 과객이라는 것이 있었다. 돈 없는 나그네가 어느 인심 좋은 집에서 하룻밤을 드새고 가는 것인데, 과객에게는 축출하지 않는 것이 관례였다. 그리하여 과거객 또는 장원급제하고 돌아가는 선비들이 권문세도가나 고을 호족의 대문을 두드리기도 하였다. 이렇게 귀한 과객이 들면 더러 딸이나 첩에게 시켜 시침까지 들게도 했다고 하니, 모두 간첩이 없던 인심 좋은 시절의 옛이야기다.

요정을 겸한 개화기 여관

신흥 여관업은 일본 세력의 진출과 함께 발전하였다. 그 중 오래된 것은 인천 동공원(東公園)에 자리잡았던 팔판루(八阪樓)가 1889년 창업, 근대식으로 정결한 시설을 차랑했지만 주막이나 객줏집처럼 인심 후하고 구수한 맛은 볼 수 없었다.

그러나 일인들의 내왕이 번잡해지면서 여관업은 차차 발전하였다. 그리하여 모리다(森田熊夫)의 ≪조선도항일기≫를 보면 1895년 5월 현재 남산 밑 니라자키(猶崎)라는 여관에서 잤다는 대목도 발견된다.

1893년 6월말 현재로 용산 일대에는 여관이 하나, 음식점이 둘이었다. 후지이(藤井友吉)가 경영한 그 용산 유일의 여관은 여인숙 겸 화물의 보관·수송·중개 매매를 했으므로 말하자면 물상객주 같은 것이었다. ≪경성부사(京城府史)≫ 제2권의 기록에 의하면 1894년 12월 현재로 서울에 여관이 셋인데, 이것이 1905년에는 8개로 늘어났다.

그렇지만 이들 초창기의 일인 여관은 거의 요정을 겸하고 있었다. 그러니까 인천의 팔판루만 하더라도 그랬다. 이토 히로부미도 가끔 호유(豪遊)했다는 요정인지 여관인지 좌우간에 팔판루는 나카이라 해서 식모 겸 일종의 고등 작부를 두고 있었다. 이들 고등 작부의 기명은 일본 군함의 이름을 따서 요시노(吉野)니 이스쿠시마(嚴島)니 나니와(浪花) 따위였다. 서울에도 하라킹(原金)·사헤키(佐伯) 여관이 있었지만 예외라 할 것은 없고, 순수 숙박업이라면 오직 하나 이치카와(市川) 여관의 6첩(疊) 3칸, 4첩(疊) 반 3칸이 전부였다.

저동에서 충무로 2가로 넘어가는 길목의 이치카와 여관이 그때는 적어도 국영호텔 급으로 이용되는 여관이었다. 대궐에 알현을 드린 일인 대관들은 왕실에서 숙소의 주선을 들지 않는 한 이치카와 여관에서 머물렀다.

여관과 관련된 것으로 마스모도(松本卯一)가 경영하는 파성관(巴城館) 호텔이 충무로 2가에 있었다. 아관(俄館)으로 파천한 고종께서 외인시위대의 설치를 계획한 적이 있는데 이때 천진·상해에서 모병(募兵)해 온 외국인 건달들의 숙소가 파성관 호텔이었다.

그런데 20여 명 건달의 하나하나가 모두 한다는 작자들이었다. 술을 먹고 소란을 피우고 심지어는 어울려 패싸움 끝에 마침내 2층에서 떨어져 부상하는 사태까지 있었다. 보다못한 공사관 직원들이 고종에게 상주(上奏)해서 용병(傭兵) 계약은 취소되고 이들은 국외로 추방당했다.

그렇지만 숙박시설이 이렇게 빈약하니 그 무렵 내한하는 일인 고관들도 더러는 민박이 불가피했다. 실례로 오오마사(大正)가 황태자로 있을 때 내한한 것은 1907년 10월, 이때 수행원들은 한국은행 총재이던 이치하라(市原盛宏)의 저택, 남산 밑 해군관사, 통감관저, 기타 천진루며 파성관 호텔과 하라킹 여관·사헤키 여관 및 민가에 투숙했다.

한국인이 경영한 근대식 여관은 1909년 무렵에 존재한 경천관(瓊泉館)이 처음이다. 경성 호텔은 원래의 영사관이자 일본인 구락부의 건물을 양도받아 1910년경에 창업하였고, 이때 서울에는 시라누히(不知火) 여관 등이 큰 축이었다.

이리하여 여관은 1920년대에 들어서면서 방마다 전

화시설을 갖추는 등 근대화의 길을 걸었다. 이때 이름 있는 여관으로는 한국인 상대인 관철(貫鐵) 여관과 일인이 경영한 소복(笑福) 호텔이 있었다. 1928년에 개업한 하야시야(林屋) 여관은 심지어 하녀들까지도 일정한 유니폼을 입게 했다.

현대의 여관은 여관이라기보다는 차라리 남녀의 밀회 장소요 부정(不貞)의 온상이나 다름이 없다. 오죽하면 돈 대신 찬꾸러미며 쇠고기 몇 근을 잡히고 밀회를 즐기는 부류까지 생겨났으니 말이다.

그렇다면 옛날 주막집에서 벌어진 황희 정승의 그 '공당 풍월'은 어디로 간 것일까? 에라, 모를 일이다. 낙동강 7백 리를 따라 오르내리던 옛날 나그네들의 구수한 멋과 인정의 해방! 그렇지만 애당초 요정 겸업으로 출발한 것이 일인들의 근대식 여관이고 보면 요즘의 여관 풍속도 역시 일제의 잔재로 인식해야 할지도 모를 일이다.

3. 서낭당 고개를 넘던 애환

도로의 샤머니즘

누군가 했더니 그 옛날 자기가 버리고 도망한 전남편이다. 그 순간 마부인(馬夫人)은 후회와 함께 한 가닥 미련이 피어올랐다.

'그래도 한때는 살을 섞으며 살던 남편인데…….'

개가를 한 것도 결국 그 모진 고생 탓이고 보면 설마 한들 모른다고야 할까? 이리하여 마부인은 길 한복판으로 성큼 내달으면서 "여보!" 하고 소리를 쳤던 것이다.

그러자 대관(大官)은 가던 길을 멈추고 조용히 발을 걸어올렸다. 그렇지만 마부인은 그때 피〔稗〕를 뽑다 말고 온 자신의 초라한 모습을 생각했을까? 울면서 전날의 잘못을 사과하고 다시 살아 주십사고 애원했는데,

대관은 물 한 그릇을 가져오게 하더니 길 위에 엎으면서 말하였다.

"여보 부인! 쏟아진 물을 다시 그릇에 담을 수 있소? 나와 부인의 인연도 그와 같으니 어서 길이나 비켜 주시오."

떠나 가는 행차를 멈추게 하기 위해서 마부인은 말 꼬리를 붙잡고 늘어졌다. 얼마를 끌려가기도 전에 무릎

은 터져서 피가 흐르고 살점이 뜯겨 나가고! 어느 고갯마루에 이르자 이젠 마지막 기운까지도 탕진해 버린 마부인이 마침내 나무등걸처럼 쓰러지면서 숨을 거두고만 것이었다.

이리하여 나그네들은 죽어서 악귀가 된 마부인의 원혼을 달래기 위해서 고갯마루를 넘을 때마다 돌을 던졌다. 그러니까 길섶마다 서낭당에 수북이 쌓여진 돌무더기는 주나라 태공망의 아내 마부인의 혼백을 위로하자는 공양일까? 나그네들이 서낭당에 돌을 던지지 않으면, 혹은 침을 뱉지 않고 가면 앞길에 배를 곯게 된다고 일러들 왔다.

그런데 사람들 다니라고 닦여진 길이 때로는 묘지로 이용되는 경우도 없지 않았다. 그렇다는 것이, 처녀가 죽으면 하고 많은 명당(名堂)·진혈(眞穴)을 두고 하필이면 사람의 내왕이 많은 길을 골라서 한밤중에 암장하곤 하였다. 왜냐하면 처녀의 혼백이 귀신 중에도 무서운 귀신인 손각시〔孫閣氏〕로 되지 않게 하기 위해서다. 남자를 모르고 죽었다는 한은, 즉 풀지 못한 춘정(春情)에의 미련은, 그렇게 뭇사람의 발길에 밟힘으로써 풀려질 수 있다는 생각에서였다.

이리하여 도로에는 이런 어처구니없는 신앙들이 전설처럼 얽히기도 했던 것이다. 과부살이 끼었다는 처녀의 액땜을 하기 위해서, 맞절 한 번으로 억울하게 물귀신이 되어야 하던 이른바 '보쌈'이라는 풍속은 열이면 여덟이 으슥한 밤길에서 귀신도 모르게 당하는 봉변이었다. 그런가 하면 길에서 월경대(月經帶)나 상주(喪主)의 두건을 주으면 재수가 대통한다는, 혹은 여자가 앞길을 가로지르면 불길하다는 따위도 길에 얽힌 미신이자 속설이었다.

이런 소박한 신앙의 상징인 듯 길목에는 장승이 우뚝하였다. 그런데 그것이 어느 아버지의 불륜을 경고하기 위해서 세워졌다던가? 죄를 짓고 귀양살이를 하던 장(張) 정승은 세 번 개 짖는 소리를 내고 마침내 딸과 통정하였다. 딸은 자살을 하고, 다음 날 아버지는 죄가 풀려서 조정에 서게 되는데 이때 관에 개털이 하얗게 붙어 있었다.

그리하여 귀곡(鬼谷) 선생이 묻는 말에 대답하였다. 이것은 바로 인륜에 용납 못할 죄의 증좌(證左)요 딸의 원혼이 맺힌 탓이라고. 장 정승은 물론 참수를 당했고, 상감은 또 그 목상을 깎게 해서 동네마다 길목에 세우고 죄를 징계했다는 것이 장승의 내력을 말하는 전설의 하나다. 그렇기 때문에 어느 마을에서는 성범죄자를 장승에다 결박한 채 동네매를 치기도 했던 것이다.

도로에 얽힌 영욕의 무상

그런가 하면 길은 또 영욕이 교착하는 무대였다. 신관 사또의 부임 행차도, 그런데 말이 신관 사또지 종2품 가선대부 전라도 관찰사 겸 도순찰사 병마수군절도사 전주부윤(從二品嘉善大夫全羅道觀察使兼都巡察使兵

馬水軍節度使全州府尹) 아무개쯤 되고 보면 거느리는 부하부터가 어마어마했다. 비장(裨將) 8명에 장교 32명, 이(吏) 96명, 통인(通引) 1백 명 외에도 급창(及唱)·사령(使令)·마종(馬從)·봉교군(奉轎軍)과 일산군(日傘軍)·우산군(雨傘軍)·기생, 기타를 합해서 직속 부하만 해도 6백74명이었다.

이 어마어마한 권력자가 간혹 외출이라도 할라치면 수백 명 부하들이 전위후종(前衛後從)하여 누구도 앞길을 가로지르지 못했다. 뿐만 아니라 그 어마어마한 행렬이 임지로 가까이 오면 길에는 수백 명 기생들이 지화자를 부르며 늘어선 행렬, 녹의홍상을 떨쳐입고 나귀 타고 풍악을 잡히면서 신관 사또를 영접하는 그 행렬은 때로 10리에 연하여 실로 이만저만한 장관이 아니었다.

그런데 이런 영화가 더러는 길로 인하여 마련되는 경우도 없지 않았다. 민비가 장호원(長湖院)으로 피난했을 때 이용익(李容翊)은 2백 리 길을 단 하루에 달려가서 환궁하시라는 칙조(勅詔)를 전했다. 그때 이용익은 함남 북청(北靑) 출신으로 한강물을 길어 먹고 사는 천민이었다. 그 무렵 보발(步撥)이나 비각(飛脚)은 보부상 조합 또는 천하 건각(健脚)들의 집단인 물꾼 조합에서 뽑히는 것이 상례였다.

장기라면 오직 다리의 힘이 세다는 것 하나가 장기일 뿐인 이용익이었다. 그러나 그는 희소식을 남 먼저 전했다는 공으로 하여 감관(監官)으로 발탁되었다. 그후는 단천부사(端川府使)·영흥(永興) 부사를 거쳐서 탁지부 대신으로 마침내는 내장원경(內藏院卿)— 지난날 물꾼이 친로파의 거물로 성장한 데는 다른 이유가 없었다. 2백 리 길을 하루에 달려갔다는 공로, 그리고 그때 얻은 민비의 지우(知遇)가 동기요 기반이 됐던 것이다.

그렇지만 그때 도로 행정이란 말은 우선에 못 들은 이야기이다. 산의 나무도 갉아먹는데 어느 누가 가로수라고 심을까? 막대기 하나라도 꽂는 날이면 그날로 마소가 고삐를 매고 혹은 지게 작대기로 둔갑하고, 그러니까 육조(六曹) 앞이건 삼남대로건 삭막하기만 한 것이 가도가도 황토길 숨막히는 먼지뿐이었다.

그런데 동대문 밖 청량리 가도에만 푸르고 울창한 버드나무가 늘어서 있었다. 홍릉(洪陵)으로 행가(幸駕)하시던 고종이 어가를 멈추고 하문하였다.

이리하여 어전에 부복한 사람은 동숭동 홍태윤(洪泰潤)이라는 백정이었다.

"그대가 저 양류(楊柳)를 심었는가?"

"그러하오이다. 능행(陵行)하시는 길이 하도 삭막하와 그동안 수삼 년에 가꾼 것인데 하문하시니 황공하오이다."

"허참 기특한 일이로고! 여봐라, 여기 이 백성을 잘 위로하여 보내고 다음날 짐의 뜻을 받들게 하라."

이리하여 홍태윤은 백정에서 일약 양주목사(楊州牧使)로 발탁되었다.

그럼 조선 5백 년 동안 백정 계층으로 벼슬한 사람이 또 있던가? 과천(果川) 출신으로 상주(尙州) 군수를 지낸 길영수(吉泳洙)가 그 밖에 들 수 있는 오직 한 사람이다.

길은 또 어영을 띤 금부도사나 나졸들이 달리는 곳이기도 하였다. 그러니까 연산(燕山) 갑자년의 죽음의 참화를 피해 온 서울 나그네, 뒤쫓는 일직사자(日直使者)가 무서워서 걸음은 급하고 목이 몹시도 말랐다.

그러자 길가 우물에서 물동이를 내리는 처녀, 나그네가 물을 청하자 처녀는 버들 한 줌을 띄워 주면서 밉지 않은 소리로 말하였다. 체할까 봐, 불어 가면서 천천히 잡수시라고.

이리하여 따라가 보니 처녀는 마을 밖 고리백정의 딸이었다. 그럼 어차피 잘못 태어난 인생인데, 에라 까짓 것 고리백정의 사위나 되어 마음 편하게 한세상 살까? 고리백정의 사위가 이건 살얼음 디디는 벼슬살이보다 결코 쉬운 노릇이 아니었다. 도대체 일이라곤 할 줄 모르는 사위를 장인은 밥그릇마저도 구박, 아내가 누른밥으로 연명해 준 덕분에 배는 곯지 않고 그럭저럭 몇 해가 갔던 것이다.

그런데 중종반정(中宗反正)으로 세상이 바뀌면서 길가 버들에도 꽃은 피었다. 다시 기용되는 벼슬길에서 이장곤(李長坤)은 고리백정의 딸인 아내의 고마움을 잊을 수 없었다. 쌍가마 타고 한양 천리로 동행한 결과는 이장곤의 교리(校理)로 장령(掌令)으로 참판으로 영달하면서 마침내는 정경부인—그 길, 그 우물, 그 버들잎이 없었더라면 이렇게 호박이 덩굴째로 구르지는 않았을 것이다.

이토 히로부미가 도쿄 출장에서 돌아올 때쯤 역에서 관저에 이르는 길이 그야말로 통행금지다. 그때 수십 명 기생들이 화용월태(花容月態)를 자랑하고 지나가면 이윽고 나타나는 이토의 쌍두마차. 그렇지만 바람새 한 번 변하면 자칫 길 위에 시신을 굴리던 것이 아관파천 당시만 해도 그랬다. 이 사정은 일인 신다스마(進辰馬)도 ≪조선의 회고≫에서 기록했는데 그 일절이 다음과 같다.

'대신 몇 명이 경무청 부근에서 참살당했다는 소문이다. 구경하기 위해서 서대문에서 지금 도청 부근으로 가자 시체는 벌써 종로 네거리로 끌려갔다는 것이다. 다시 종로 네거리로 가니 군중은 여산(如山), 그 한복판에 총리대신 김굉집(金宏集)이며 농상공부대신 정병하(鄭秉夏)의 시체가 있는데 무참하게도 발목을 밧줄로 묶여서 개나 고양이처럼 끌고온 것이었다. 숱한 군중이 혹은 침을 뱉고 혹은 욕설을 퍼붓는데 그 잔혹함이란 도저히 눈으로 볼 수 없었다.'

길바닥에 똥 누지 말라는 사설

그럼 영욕의 무대이기도 하던 도로의 그 무렵 상태를 이야기하자.

'대로 56자 중로 16자 소로 11자'란 것은 ≪육전조례(六典條例)≫에 규정된 당시의 노폭이다. 그리고 '거

동(擧動)·칙행(勅行)·인산(因山) 때 도로·교량을 수
리 적간(摘奸)해야 한다'는 역시 ≪육전조례≫에 기록
되어 있다. 그렇지만 그 무렵 도로의 보수공사란 고작
흙이나 메우는 정도였다. 따라서 특별히 인부를 동원할
필요도 없이 인가 있는 곳은 가노(家奴)에게, 전답 있
는 곳은 전부(田夫)에게 책임을 지웠을 뿐이다.

'한 걸음 소로로 들어선다면 그 불결하고 불규칙함이
란 실로 언어도단이다. 현실로 변소란 물건이 도로에
특설(特設)됨을 보지 못했고, 쓰레기 버리는 곳을 한국
인은 아직 모르니 시내 어느 곳이건 배설물을 버리지
않는 자리는 없는 것이다. 따라서 심하면 대궐 정문에
조차 수문졸(守門卒)들이 열심으로 방뇨하지만 하등 처
벌이 없는 형편이다. 그러니 그 밖의 소로란 말해 뭣하
랴. 전후좌우가 인축(人畜)의 오물로 살포되어 겨울은
다행히 얼기 때문에 노상이 훌륭한 빙판이지만, 봄바람
따뜻한 계절이 되면 점차로 녹아서 도로에 범람하고,
여름이 될수록 악취 분분 코를 찔러서 도저히 걸음을
옮길 수 없다,' 이것은 일본 영사관 직원이었던 노부오
(信夫淳平)의 ≪한반도≫ 기록의 일절이다.

이리하여 '길바닥에 똥 누지 말라'는 것은 1910년대
에도 전성한 사설의 중요한 논제였다. 그 중 하나는
1911년 6월 8일자 〈매일신보〉 사설인 '도로 청결의 주
의'—'상가등(商賈等)은 일정ᄒ 변소가 무(無)ᄒ고 옥내
(屋內)에 철통(鐵筒) 혹 목기(木器)를 치(置)ᄒ얏다가
뇨(尿)를 방(放)ᄒ고 내(仍)히 자기 문전(門前) 노상

(路上)에 세기(洒棄)ᄒ니 소과경리(所過警吏)는 혹 세수(洒水)로 신(信)ᄒ려니와 자기가 자기 문전에 예물(穢物)을 기(棄)홈이 엇지 자괴(自愧)치 안이ᄒ리오,'라는, 임의로 발췌한 사설의 한 대목이 이와 같았다.

조선 5백 년에 도로의 구획이 대체로 정연했다는 것은 《경국대전》이나 앞서 인용한 《육전조례》의 규정을 보더라도 알 수 있는 일이다. 그래서 1등 도로는 동대문에서 종로로 남대문에 이르는 50자 내지 80자의 도로로, 영사관 직원이던 노부오도 《한반도》의 일절에 기록했다. '도쿄의 1등 도로도 미치지 못할 만한 광로(廣路)라 소로가 지저분한 데 대해서 실로 대도시의 면목이 당당하다'고.

그런데 지난날의 도로는 양쪽에 폭 2자의 도랑이 있어서 그것으로 경계를 삼고 있었다. 따라서 도랑을 넘은, 혹은 범도(犯道)한 가옥은 물론 철거당했고 또 처벌당하는 법이었다.

지난날 도로의 수리며 하천의 준설은 준천사(濬川司)란 관청이 전담했는데, 사대부며 부상(富商)·주민들이 분에 맞게 비용을 갹출하였다. 그렇지만 준천의 기능이 한성부(漢城府)로 이관된 1894년 이후는 국고에서 지출했다. 이리하여 도로를 침범한, 혹은 월천(越川)한 가옥만 하더라도 단속은 한성부며 공조(工曹)의 관할이라 본부(本部) 관리며 관령(管領)한 책임자들이 문책을 당하는 규칙이 있었다.

그렇지만 예산상 도로의 수리가 10여 년에 한 번 정

도로 소홀해지면서 규칙은 점차 해이해 갔다. 이리하여 길에는 어느새 도랑을 넘어서 숱한 가가(假家)들이 들어서기 시작했다. 1894년에 한국을 다녀간 비숍 여사의, '넓다는 것이 마차 둘이 통과할 수 없고, 좁은 길은 한 사람의 지게꾼이 내왕을 막을 정도'라는 기록은 바로 그같은 사정의 설명이다. 그리고 가가가 점거한 도로 부지는 어느새 사유지인 양 전매되기도 해서 숱한 분쟁을 낳곤 하였다.

이리하여 한번 어가가 움직인다 하면 나졸들은 으레 외고 다녔다. '가가 허느쇼오' 하고 큰 소리로 외치면 길은 순식간에 넓혀져서 50자 내지 80자로 늘어난다. 그렇지만 늘어났다고 해도 그때뿐 상감님 행차가 지나고 나면 그만이다. 나졸들이 '가가 도루 지이쇼오'하고 외기 무섭게 길은 다시 좁아져서 30자로 된다. 오늘 우리가 도로변 상점을 가게라 하는 것은 이렇게 늘었다 줄었다 하는 고무줄 도로의, 헐었다 지었다 하는 가가(假家)와 가가(賈家)가 와전하여 생긴 말이다.

수로(水路)를 이용한 왜 간첩

그럼 삼남대로를 비롯한 전국의 도로망을 이야기하자. 한양에서 전국에 뻗친 길은 간선급(幹線級) 도로가 아홉 개였는데, 신원·고양·파주·장단을 거쳐서 의주로 가는 것이 그 하나였다. 이 길은 명나라, 청나라의 사신과 공물이 오고갔는데 키 작은 조선말[馬]이 요긴하게 쓰이던 시절이다. 먹을 것은 없고 공물짐은 무겁고, 그래서 쓰러져 죽은 말의 백골(白骨)이 개성·의주 사이에 발길에 차였을 정도였다. 늙은 기생들은 신세를 이에 비해서 '의주 역로(義州驛路)의 말 뼈다귀인가' 하고 팔자 한탄이 일쑤였다.

다음은 누원·파발막을 지나 철령·원산·함흥으로 해서 경흥·서수라에 이르는 길—이것은 상왕(上王)인 이태조가 함흥으로 달아났을 때 이른바 함흥차사(咸興差使)들이 가기만 하고 돌아오지 못하던 길이다. 제3은 망우리 너머로 원주·삼척·울진을 거쳐 평해에 이르는 길—원주로부터 신림·주천·양인역을 지나 영월로 지선(支線)이 트이는데, 어린 단종이 걸음걸음 눈물을 뿌렸던 한많은 길이다.

제4는 한강 또는 송파로부터 용인·충주·문경·대구를 지나 부산에 닿는 길이다. 그렇지만 여말(麗末) 이후 임진란 전까지 일인들은 이 길을 이용하지 못했다. 한국 정부의 지시로 하여 그들은 단양·안동·영천·울산을 거치는 좌로(左路)로, 광주·이천·청도·밀양을 경유하는 중로(中路)로, 또 청주·성주·현풍·창원·김해로 뚫린 우로(右路)를 내왕했다. 이때 한국을 드나든 일인들은 사절 또는 첩자의 임무를 띤 승려들인데, 남한강 줄기를 따라 새재를 넘는, 그리고 함창에서 낙동강 신세를 지는 수로(水路)를 이용할 수도 있었다.

제5는 동작 또는 노량진으로부터 소사·천안·공주·전주·진주 경유로 통영에 이르는 길이다. 또 하나는 제4의 경부가도를 따라 남하하다 문경을 지나 유곡에서 갈라져서 상주·성주·함안·고성·통영으로 뻗는 제6의 간선이다. 제7의 서울·제주를 잇는 간선도로는 제5의 도로 순서대로 남하하다 전주 못 미쳐 삼례역에서 분기하여 전주를 거치지 않고 금구·태인·장성·나주·해남으로 제주에 이르는 길순이다.

제8은 동작이나 노량진으로부터 미륵당(彌勒堂)·소사―여기서 분기한 길은 평택·요로원·신창·광천을 거쳐서 충청도 수영으로 뻗었다. 제9의 간선이 그 중 짧아서 양화진으로부터 김포 경유로 강화에 이르는 육로다. 이 길이야말로 영욕의 변천이 가장 심해서 때로는 몽진(蒙塵)길이요, 때로는 왕족의 귀양길, 그런가 하면 나무꾼 총각인 강화도령은 이 길을 따라 서울로 가서 25대 철종(哲宗)으로 즉위하였다.

이리하여 왕년의 도로망은 이상 아홉 개의 간선도로에서 분기한 중요한 지선 약 1백40을 합해서 총연장 2천6백20리다. 서울 성(城) 안은 동대문에서 황토현(黃土峴)까지, 또 대광통교(大廣通橋)에서 남대문에 이르는, 즉 지금의 동대문·세종로와 종로·남대문 사이가 1등 도로였다. 기타는 이현(梨峴:종로 4가)에서부터 문묘성균관(文廟成均館), 이동·운니동으로부터 안국동·종로로 이르는 정도가 그래도 넓은 축이었다.

'엄격한 의미에서 차량이 통행할 수 있는 길이란 극소수다. 백성도 정부도 도로의 개량 수리에 배려함이 없어 대부분 협착한 길이라 간신히 사람이 통행하고 승

마(乘馬), 또는 짐 실은 말이 지날 수 있을 뿐이다.'

1909년 러시아 정부에 의해서 편찬된 ≪한국지(韓國誌)≫의 일절이다. 비슷한 대목은 가장 인마가 붐비던 경인가도에 대한 다음 한 구절이다.

'용산촌에서 한강을 건너자니 다리가 없다. 그래서 나룻배 또는 쪽배를 이용한다. 이곳을 건너면 길은 논이나 크지 않은 숲 사이 작은 언덕을 뚫고 곧장 인천으로 향한다. 이 길은 마른 날에도 심히 불편할 뿐더러 비가 오면 전혀 통행할 수가 없다. 즉, 강우시에는 한강이 양 언덕으로 범람하여 서울 부근의 도로 일부를 침범하고, 또 그 침범되지 않은 곳은 흙이 유해(流解)하여 진흙밭이 됨으로써 차량의 통행이란 전혀 두절되고 마는 것이다.'

이리하여 청일전쟁에 패했을 때 청장(淸將)들은 입을 모아 말하였다. 도로며 교량이 좋지 않아서 패했다고. 나폴레옹이 패한 것은 어느 시골 아이가 길을 잘못 가르쳐 준 탓이라지만, 청장들에게는 한국의 도로야말로 워털루로 가는 길보다 10배나 저주스러운 존재였다.

지맥(地脈)을 끊는다는 상소문

충무로 2가를 중심한 일대, 속칭 진고개(泥峴)는 그 부근 세 개의 청계천 지류가 범람함으로써 항시 질퍽했기에 생긴 말이다.

즉, 남산에서 발원한 그 지류는 남창동으로 흘러서 남대문로 3,4가 사이, 북창동·소공동·을지로 1가와

시청 동쪽과 무교동 남쪽을 지나 소광통교(小廣通橋)로 들어가는 것이 그 제1이다. 제2의 지류는 신세계 백화점 동쪽과 서쪽으로 흐르는 두 줄기가 우체국 앞에서 합류, 이리하여 남대문 3가 경유로 소광통교에서 제1의 지류와 마주치는 것이다. 제3의 지류는 부엉바위〔梟岩〕밑 약수골에서 시작된 물이 이현·종현·구리개〔銅峴〕부근을 관류(貫流)하여 수하동에서 제1·제2의 지류를 흡수하고 장교(長橋)로 본류(本流)와 마주치는 그것이었다.

이 세 줄기 지류가 해마다 여름이면 범람하였다. 범람할 뿐더러 깎아지른 골짝으로 떨어져 흐르는 급류는 토사며 세간 집물까지를 쓸어내렸다. 이리하여 충무로 입구, 또 지금 한은(韓銀) 앞 광장에 커다랗게 파여져 있던 웅덩이로 쏟아져 내려오던 토사며 홍수는 무서운 것이었다. 일인들의 거주가 활발해지자 그들은 이현에서 남대문으로 통하는 길을 개수하고 또 구거(溝渠:개골창)를 파면서 공동변소·가로 등도 계획하였다.

1895년, 이와 전후하면서 한국 정부도 도로행정에 대해서 관심을 기울이기 시작하였다. 즉 4월 16일, 성 안 도로의 전폭적인 개수를 계획한 한성부윤 유정수(劉正秀)는 교통상 지장이 없다고 인정되는 이외의 가가에 대해서 전면적인 금령(禁令)을 발표하였다. 이듬해 1896년에는 내부령(內部令)으로써 한성 내 도로 규정을 발했는데, 동대문→종로→남대문에 이르는 노폭이 55차, 그리고 교통상 지장 없는 양쪽에 10년을 한하여 가가 건설을 관허(官許)했다는 등이 중요한 내용이다.

이러한 법령으로 하여 일인들은 전기한 바 남대문 길을 개수할 때 손쉽게 주변의 가가를 철거할 수 있었다. 그런데 1897년 6월, 서대문 주변과 정동 일대의 길을 보수하기 시작한 한성부는 남대문 안 도로도 복구·확장하겠다면서 일인들의 소유 가옥에 대해서도 차별없이 철거할 것을 통보하였다.

'남문 안 슈각다리 우회 일본 사람 가가 가온데 청인 놈들이 가가를 일본 사람 가가보다 내셔 짓기로…….' (〈독립신문〉 1896.12.8)

그 무렵 가가는 국적을 가릴 것 없이 누구나 예사로 지었는데, 그리하여 일본 영사는 한성판윤 이채연(李采淵)과 공동으로 현장 사정(査定) 끝에 11월말 현재로 해당 가가 전부를 철거하였다.

그렇지만 말이 도로 보수요 도시계획이지 그 무렵의 통념으로 볼 때 이는 결코 용이한 작업이 아니었다. 그렇다는 것이, 1909년에 정부는 세종로 서편 황토현(黃土峴)을 깎아 내리고 그로써 청계천 둑을 메우는 공사를 시작했다. 이때 다수 관민들은 종주국(宗主國) 청나라와의 지맥을 끊는다고 상소하면서 한때 형세가 소란했었다. 뿐만 아니라 남대문·종로 간에는 그동안의 금령에도 불구하고 목조 또는 벽돌로 된 범로(犯路)한 일인들의 가옥들이 많았다. 형세 궁해서 정부는 토관(土管) 다수를 묻어 경계를 명시하고 철거·확장·복구공사를 강행했다.

'지금 현저동에서 홍제원으로 넘는 고개는 고래로 유명한 사현(沙峴)이다. 그 절정은 현재보다 약 82자 높은 곳에 있었는데, 1902년 무렵 러시아 공사의 권고로 한(韓) 정부가 거의 6자 이상을 깎아내려서 도로의 옛 모습을 일신케 했다. 이때부터 성내 외국인들은 이 길을 페이칭 파스(北京街道)라 불렀는데, 그 이름이 마침내 성민(城民) 일반에게 보급되어 널리 사용하게 된 것이었다.'(≪외국인이 본 조선 외교비화≫의 일절)

그러나 근대적 도로 행정의 창설 작업은 단순히 한성부 내외에만 머무른 것은 아니었다. ≪매천야록(梅泉野錄)≫ '융희(隆熙) 4년(1910년) 6월'을 보면 전남 해남군(海南郡)에서부터 연해(沿海)한 모든 읍을 가로질러서 마산포까지 길을 개척했다는 기록이 있다. 이때 귀화인 다수를 인부로 강제 동원했는데, 사납고 불순·추악하여 인근이 소연했다는, 즉 다음의 예문이 그 구절이다.

'全南道自海南郡, 橫貫沿海諸邑, 至馬山浦, 除直道, 可以通馬車者, 廣七八丈, 堙壑刊田, 斬刈禾麥, 春初起役, 已踰四五朔, 勒募歸化人爲役夫, 獷猂不馴, 沿途騷然.'(전라남도 해남군에서부터 바닷가 여러 읍을 가로질러 마산포까지 곧은 길을 내는데, 넓이 7,8장이라 마차도 통할 만했다. 골을 막고 밭을 깎고 곡식과 보리를 베어 눕히며 이른 봄에 역사를 시작해서 이미 4,5삭이 넘었다. 귀화인을 강제 모집해서 인부로 했는데, 성질이 모질고 독살스러우며 순하지 않아서 연변 일대가 소란하였다.)

인마(人馬)는 우측을 통행했다

그럼 도로의 생활사로 이 장을 마감하고자 한다. 공사판의, 특히 일인 십장·감독들의 횡포는 전통적인 것이어서 훗날 시나노가와(信濃川)의 한국인 노무자 학살 사건 따위가 그 전형적인 실례다. 한국 내에서는 경부철도와 기타 철도·도로의 건설장에서 발생한 그 많은 강간·폭행사건들을 들 수 있다. 남도 속요에 '철도 십장 방망이에 멍들었나 저 처자야'라는 것이 있다. 앞에 인용한 ≪매천야록≫의 일절도 이 비슷한 사정의 기록이다.

그 무렵 부산→서울은 육로 15일, 수로 20일을 요하는 여정이었다. 의주→서울은 좀더 멀어서 20일 여정, 이 길을 밟아 온 청국 사신들은 경(京)으로 들기 전에 홍제원에서 예복을 갈아입었다. 사현을 넘으면 영은문(迎恩門) 서쪽 모화관(慕華館)에서 잠시 휴식을 취하고 서대문으로 향하여, 그들은 서대문 밖 경구교(京口橋)에서부터 행렬을 갖추어 위세당당하게 입성하였다.

그리고 청국으로 가는 사신들은 모화관 북쪽 반송정(盤松亭)에서 작별을 고하는 것이 관례였다. 반송정이란 정자 앞에 사방으로 수십 보씩 가지를 뻗은 울창한 반송(盤松)이 있어서 생긴 이름이다. 이리하여 마침내는 사신 아닌 일반 나그네들도 반송정에서 작별을 고하는 관습이 생겨났다. 그 무렵 홍제교 부근에 서낭당이 있었다. 나그네를 비롯한 가족·친지들은 여기서 여정이 무사하기를 비는 조도제(祖道祭)를 지내고 의주 천리 먼길에 올랐다.

그렇지만 왕년의 서울이란 열 발자국 못 가서 고갯길이다. 즉 동대문 안 배고개〔梨峴〕를 비롯해서 솔재〔松峴〕·맹현·붉은재〔紅峴〕·황토마루〔黃土峴〕·야주개〔夜珠峴〕·서학(西學)재·무학(無學)재·관상감(觀象監)재·애고개〔阿峴〕·인성부재〔仁城峴〕·약현(藥峴)·풀무고개〔冶峴〕·구리개〔銅峴〕·북달재〔鍾峴〕·진고개·만리재·춘향이고개〔春香峴〕·기와고개〔瓦峴〕·새문턱〔新門峴〕·큰고개〔大峴〕·당고개〔堂峴〕·동소문턱〔東小門峴〕·남소문턱〔南小門峴〕·남정부재〔南正峴〕 등……. 따라서 서울의 도로는 지저분하다는 외에도 고개가 명물이었다.

또 하나의 명물은 개들이다. 변소 대신 키운 것인데 ≪외국인이 본 조선 외교비화≫에도 기록이 있다. '개가 퍽 많은 것이, 거의 모든 가정에서 길렀는데, 병든 것이 많아서 질색이었다. 지저분한 얘기라 요새 사람은 놀랄지도 모르지만, 지난날 어린애들의 변은 모조리 개가 청소해 주었다는 극히 불결한 상태였다'고.

그렇지만 호판댁(戶判宅) 나귀는 약식도 마다했다던가? 변은 고사하고 웬만한 정육도 마다했다는 북촌(北村) 개들은 이른바 황개〔黃狗〕라 해서 보신에 좋았다는 얘기가 있다.

그럼 일정한 시간에 열고 닫던 성문과 도로의 교통 상황은 어떠했는가?

'경인철도가 미개통이던 시절, 우편은 물론 나그네도 대부분이 키 작은 조선 말을 이용했다. 따라서 이른 아침 남대문에서 성 안으로 쇄도하는 말은 2,3천이라는 막대한 수에 달했다. 당시 남대문은 야간에 폐문했기 때문에 아침 일찍 문 열기를 기다리다 앞을 다투어 시내로 들어갔던 것이다. 정각 두세 시간 전부터 지켜섰다가 서로 앞다툼을 하는 판이니 날마다 싸움질이 끊이지 않았다 하며, 일단 개문이라고 하면 그야말로 노도(怒濤)와 같은 형세로 말·소·사람·짐들이 한꺼번에 쏟아져 들어가는 것이었다.' (≪외국인이 본 조선 외교 비화≫)

그런가 하면 비숍 여사도 재미있는 관찰을 하고 있었다.

'종로의 대종(大鍾)이 밤 여덟 시를 알리면 지금까지 거리며 모퉁이를 점령해 있던 남자들은 도망치듯 모습을 감춰 버린다. 이리하여 장안은 순식간에 여인국(女人國)으로 변해 버린다. 오는 사람 가는 사람이 모두 여자, 그들은 비로소 하루의 구속에서 벗어나 우주의 광대함을 즐기고 돈독한 우정을 나눈다. 이때 남자로서 통행이 허락된 자는 장님과 관리, 외국인의 종복과 교군(轎軍)뿐. 열두 시가 되면 종은 다시 울려서 여자들은 귀가하고 남자들이 밤의 향락을 찾아 출동하는 것이다.' (≪한국과 그 인방(隣邦)≫)

좌측 통행은 1921년 2월 1일 이후에 시작된 규칙이

다. 그 이전은 애당초 좌우의 구별이 없다가 1906년
12월 1일 이후는 우측 통행하였다. 그때 일본 군대는
우측을 통행했는데 일반인이 좌측 통행하면 교통이 혼
잡하겠다고 해서 경성 이사청(京城理事廳)이 특별히 고
안한 결과였다.

4. 술 익는 강마을의 전설

청계천 24개의 다리

자그마치 366년 동안이나 개천을 준설하지 않았으니, 비만 오면 인왕산·북악산에서 쏟아진 물이 미처 빠지지 못하고 범람할 수밖에 없었다. 태종(太宗) 9년인 1409년에는 다리란 다리가 모조리 유실되면서 종로로부터 동대문 일대가 그야말로 망망대해, 그런가 하면 세종(世宗) 3년인 1421년에는 떠내려가는 민가가 75채나 되었고, 사람들은 지붕이나 나무 끝에 올라앉아서, 성 안에 곡성이 진동하였다.

그리하여 수마(水魔)가 할퀴고 간 자리는 고대의 기록에도 여기저기서 점철되는 상처였다. 중종(中宗) 5년인 1510년에는 성 안 평지의 수심이 5,6척이었다던가. 1654년(효종 5년)에는 집은 고사하고 삼각산(三角山)의 작은 봉우리 하나가 통째로 무너져 주저앉았다. 그런데 현종(顯宗) 12년(1671년)에는 8도를 휩쓴 무서운 가뭄이 들었다. 그러자 하루 새벽에 쏟아진 비는 아침이 되면서 거짓말처럼 씻은 듯이 개기는 했다. 그렇지만 그동안 서너 시간의 폭우로 인하여 입은 상처는 심각하였다. 다리, 집이 무너진 것은 말할 것도 없고,

인경궁(仁慶宮) 앞에서만 탁류에 휩쓸려서 14명 이상이 사망하였다. 이렇게 비만 왔다 하면 순식간에 넘쳐서 범람하는 청계천의 탁류였다. 상류인 오간수다리〔五間水橋〕 일대에는 장대 끝에 갈고리를 달아서 솥·냄비·궤짝과 마소 짐승을 끌어올리던 것도 흔히 볼 수 있는 광경이었다.

이러한 참상을 막기 위해서 영조(英祖)는 즉위 36년인 1760년 3월에 오간수문(五間水門)을 비롯한 청계천 일대를 준설하였다. 그렇다면 영조는 한양으로 천도한 이래 366년만에 처음으로 청계천을 준설한, 적어도 불세출의 군주라 할 만하다. 그런데 그때의 작업은 돌로써 둑을 쌓는 대신 양기슭에 버들을 심는 것이었다. 이리하여 우거진 버들숲은 이후 서울의 명물이 되어서 유득공(柳得恭:≪경도잡지(京都雜志)≫의 저자)의 한시에도 등장한다. 즉, '두 줄기 푸른 버들 가이 없는데 저물어 돌아가니 아득만하다(兩行綠柳舊無邊 日暮人歸只暗然)'고.

그후 해마다 기슭이 무너지고 깎이는 폐단을 막기 위해서 수어사(守禦使) 이경우(李景祐)가 상주하였다. 각 부대로 하여금 구역을 정해서 석축(石築)을 하게 함이 가(可)하다고. 이리하여 영조 52년인 1776년에는 양쪽 청계천 기슭에 돌로 방축을 쌓았는데, 이것이 서울성 안 개천에 석축이 들어선 시초였다. 이후 청계천은 20세기 초엽까지도 장안 부녀자들의 빨래터로, 또 서민 생활의 애환장으로 갖가지 명암을 반영했었다.

아다시피 청계천은 인왕산·북악산 사이의 골짜기에서 발원하여 서울의 중심부를 동서로 관류하는, 지금은 복개되어 보이지 않는 냇물이다. 그 상류는 경복궁 서북쪽 백운동(白雲洞) 부근을 흐르는 청풍계천(淸風溪川)인데, 지류인 옥류동(玉流洞)·누각동천(樓閣洞川)을 흡수하고 내려오다 다시 남산에서 발원하는 세 개의 지류를 흡수하였다. 그렇지만 원래는 본류건 지류건 가리지 않고 총칭하여 청풍계천이라고 했다. 이것이 줄어서 청계천이 된 이 냇물은 이름과는 정반대로 지저분하기 비할 데가 없었다.

여기에 대소 합해서 24개의 다리가 있었다. 한 세상 전만 해도 저마다의 전설과 풍류를 자랑하면서 인정·풍속의 갖은 명암을 반영하던 사연 많은 다리였다. 때로 그것은 사랑을 간직한 남녀들이 은밀히 만나는 장소였고, 그런가 하면 거친 정쟁(政爭)과 함께 부침하던 다리였다. 지금은 복개공사를 하여 대부분 없어졌지만, 그 중 몇만 들어서 애기한대도 과거 교량의 풍속사는 웬만큼 윤곽이 잡히지 않을까 한다.

조선시대 여인들의 사랑의 가교(架橋)

공원도 다방도 없던 시절에 데이트는 어디에서 했을까? 물방앗간이 아니면 다리목이다. 그러니까 고수(鼓手) 한성준(韓成俊)의 하룻밤 애절한 사랑에도 다리는 예외없이 등장하였다.

'내일 오정 때쯤 해서 광교 다리목으로 오세요.'

이리하여 서로가 가슴을 조이게 마련인 그 사랑은 이미 1년 전에 비롯하였다. 단오날 공연을 마치고 막 연흥사(演興社) 문을 나서는데 문득 여인이 다가서는 것이었다.

"아니!"

장옷으로 얼굴을 감쌌으니까 고운지 미운지는 알 수 없다. 다만 가까이 스칠 때 코에 향기롭던 여인의 내음, 떠맡기듯이 보자기 하나를 쥐어 주더니 여인은 사라지고 보자기에는 얌전하게 누벼진 밀통사 조끼가 들어 있었다. 여름인데, 철 늦은 조끼가 더워 보여서 주는가 보다 하고 한성준은 고맙게 생각했다.

이로부터 한 달에 두 번씩 여인의 정성은 지극하였다. 철 따라 가려서 보내는 옷이 여름에는 모시 · 항라 적삼에 두루마기 · 보선 · 행전까지 세심하게 챙겨 보냈다. 그런데 옷을 가져다 주는 여인이, 실은 심부름만 하는 사람 같았다. 그 곁에는 그 많은 날 공연을 지켜보는 또 하나의 여인이 있었다. 원래 장옷이란 갑이나 을이나가 같은 모양에 같은 디자인이다. 그런데 그 여인의 장옷은 끈이 드물게 남색이라 요행히 구별할 수 있었다.

이리하여 약 1년이 지난 어느 날 한 장의 메모가 전달되었다.

'내일 오정 때쯤 해서 광교 다리목으로 오세요.'

아닌 것처럼 걸음을 옮기는 뒤를 밟아서 한성준은 수

구문(水口門) 밖 어느 초가집 안방에 이르렀다. 거기에
는 아름답고 귀골로 생긴 여인이 하나, 그가 바로 1년
씩이나 철 찾아 옷을 선물하던 배후의 주인공이었다. 겸
상으로 들여진 음식에는 숫제 숟갈도 못 대고, 그동안
여인의 정성이 뼈에 사무쳐서, 한성준은 덥석 손목이라
도 잡고 싶은 심정이었다. 그렇지만 꿀 먹은 벙어리처럼
말 한 마디를 나누지 못하는 두 사람……. 석양에 대문
을 나서자니 심부름하던 여인이 말하는 것이었다.
 "내일 오정 그 시간에 광교 그 자리로 오세요."
 이리하여 두번째 앉아 보는 그 방에서 두 사람의 정
염은 끓어올랐다. 스스러움은 어제 하루의 대면에서 가
셔졌다. 드디어 서로를 가누지 못해서 잠자리를 같이
한 두 사람, 격한 끝이라 남자의 그 어떤 동작에도 여
인은 항거하는 기색이 없었다. 그런데 작별하고 대문을
나서자니까 안내하던 여인이 말하는 것이었다.
 "이제 오시지 말라는군요. 그럼 안녕히……."
 이후 그 여인은 한성준의 공연에 다시 나타나는 적이
없었다. 이리하여 도깨비한테 홀린 것처럼 단 한 번 정
사로 그쳐 버린 1년 이상의 말 못할 사랑, 아마 그런
정사를 계속하기에는 그 무렵 사회의 제약이 너무 가혹
했던 탓이 아닐까? 갑술생(甲戌生)인 한성준이 32세
때 있었던, 즉 1915년의 로맨스 1막이었다. 그 무렵
광교를 비롯한 다리는 내외법에 얽매인 연인들이, 비밀
리에 만나는 약속 장소로서 오래도록 편리한 존재였다.

교각으로 전락한 왕후의 능석(陵石)

　광교는 원래 조선 초엽만 하더라도 토교(土橋)였다. 태종(太宗) 10년(1410년)에 장마로 유실되자 의정부는 돌다리로 할 것을 의결하였다.

　이리하여 사용된 석재는 정릉의 봉토(封土) 아래 배치되었던 12주(柱) 신장(神將)의 석각(石刻)이었다. 그 석재는 길이 8척에 폭이 3척, 관을 쓰고 합장한 신장이 뭉게구름을 지고 선 모습을 양각했는데, 고려시대 석공의 솜씨로 지목되는 아무튼 드물게 훌륭한 불교 예술품이었다.

　그런데 정릉은 태조의 계비(繼妃) 신덕왕후 강씨(神德王后康氏)의 능이다. 강씨는 무안대군(撫安大君)·의안대군(宜安大君)과 경순공주(慶順公主)를 낳고 1396년에 사망했는데, 이때 태조는 10일이나 조회를 파한 채 그 애통이 지극하였다.

　이리하여 태조는 행주(幸州)도 안암리(安岩里)도 마다하면서 마침내는 가까운 황화방(皇華坊), 지금 정동 일대의 언덕으로 능지(陵地)를 삼았다. 그러고는 친히 감독하여 봉토(封土)를 하였다. 조석으로 향화(香花)를 올리던 능 옆의 재사(齋社), 또 능 동쪽에는 왕비의 명복을 빌기 위해서 특별히 건축한 흥천사(興天寺), 봉토 아래 12주의 신장(神將)도 마찬가지로 친히 감독한 것이었다. 사랑하던 아내 신덕왕후를 위해서 태조의 온갖 성력(誠力)이 깃들었기 때문에 그 모든 것은 드물게 볼

만큼 훌륭하였다.

그렇지만 정쟁의 살벌한 회오리바람은 그 모든 태조의 성력을 황폐하게 만들고 말았다. 왕위 다툼 끝에 신덕왕후 소생인 무안대군과 의안대군은 역모로 몰려서 죽었다. 그리고 정권은 신의왕후(神懿王后) 소생인 방원(芳遠)에게로 넘어갔다. 제3대 태종으로 군림한 방원은 계모인 신덕왕후의 능에 대해서 정성을 기울일 이유가 없었다.

이리하여 신덕왕후는 태묘(太廟)에 배식(配食)조차 대지 않았다. 그리고 동소문 밖 사을한리(沙乙閑里:지금의 정릉동)로 옮겨진 정릉은 날로 황폐한 끝에 실묘(失墓)되었다. 그러니까 지금의 정릉은 선조(宣祖)가 다시 찾아낸 지 87년이 지나서, 즉 이장한 해로부터 260년만에 현종(顯宗)이 개수한 것이다. 그리고 황화방 정릉의 봉토에 배치되었던 12주 신장석(神將石)조차도 마침내는 대광교 아래로 옮겨져서 다리를 받치는 돌로 오수(汚水)에 씻기는 신세가 됐던 것이다.

이 다리를 밟기 위해서 해마다 정월 보름이면 만호장안(萬戶長安)이 종가(鍾街)로 쏟아져 나오는 풍습이 있었다. 즉 답교(踏橋)라는 것인데, 밤을 세워 답교하는 무리는 청계천 24개의 다리, 그 중에도 대광통교와 소광통교에 많이 모여들었다. 그리하여 양반들은 혼잡을 피해서 정월 14일 답교했는데, 그날을 양반 답교라 했다. 주백병(走百病)이라 해서 고대 당나라에서 비롯한 이 풍속은 그렇게 함으로써 1년 내내 다리[脚]가 무병(無病)하다는, 즉 도액(度厄)하는 데 의미가 있었다.

그렇지만 이날은 남녀가 내외법의 굴레를 벗어 버린 채 지척에서 어울릴 수 있는 1년에 한 번뿐인 기회였다. 그러니 불량한 자들이 흔히 풍속을 어지럽히기 십상이었다. 마침내는 금지령이 내려서 한때 답교꾼들은 체포까지 당하곤 했는데, 이로써 조선 중엽 이래로 이 풍속은 쇠잔해 갔다. 그동안 답교는 세월이 태평할수록 성해서 심지어 걸음을 못 걷는 이는 가마를 탄 채 다리를 밟으러 다니곤 했다.

그런데 광교라면 광통교가 준 말로 대소 2개 중에 흔히는 대광통교를 말했다. 대광통교는 서린동 122번지 남쪽에 있는 것, 소광통교는 남대문로 1가 23번지 남쪽에 있던 것이다.

그 무렵 상인들은 요즘과 달라서 손님들에게 '안녕히 건너갑쇼' 하고 인사했다. 대광교 좌우의 장사꾼들이 광교를 안녕히 건너가라고 인사한 데서 유래한 것인데, 광교는 그만큼 요긴한 목을 지키고 있던 지난날 서울의 명물이었다.

전설의 종침(琮琛) 다리

광교가 다리밟기의 명소라면 수표교(水標橋)는 연날리기로 유명하였다. 겨울에, 특히 정월에 들면서 활발해지기 시작한 이 놀이는 해마다 정월 보름을 하루내지 이틀 앞두고 절정을 이루었다. 그리하여 이날에는 수표교를 중심한 일대의 청계천변은 운집한 구경꾼과 연싸움꾼들로 일대 장관을 이루었다. 호사스러운 자들은 수백 금으로 요릿상까지 차려 놓고, 제 편이 이길 때마다 기생을 시켜서 풍악을 울리게 하였다.

이리하여 하늘에는 높이 구름을 차면서 갖은 곡예를 부리는 연들이 무수했다. 대[竹]를 깎아서 뼈로 하고 종이를 풀칠한 그 연은 오색이 찬란할 뿐 아니라 모양 또한 천층만별이었다. 바둑판 모양을 한 기반연(碁斑鳶), 쟁반 같은 쟁반연, 용의 꼬리처럼 길게 된 용미연(龍尾鳶), 게다가 묘안연(猫眼鳶)·어린연(魚麟鳶)·방혁(方革)·작령(鵲翎) 등……. 최영 장군이 탐라를 정벌할 때 일종의 공격무기였다는 이 연은 높이 띄우기 혹은 서로 상대방의 연줄을 끊음으로써 이기는 것이었다.

그래서 아이들은 연싸움에 이기기 위해서 '갬치 먹인다'는, 즉 아교를 칠한 연줄에다 돌가루·구리가루 등을 부지런히 먹이기도 했던 것이다.

그런데 수표교란 이름은 그 서쪽에 돌로 된 수표가 세워짐으로써 생긴 것이었다. 높이는 10척, 청계천의 수심을 알기 위해서 세운 수표는 영조가 '경술 지평(庚戌地平)' 넉 자를 새기게 함으로써 청계천을 준설하던 그 해 1760년의 지평(地平)을 표시하였다. 다리 자체는 화강암, 6각으로 된 돌기둥에 모진 횟대를 걸치고 돌을 깔아서 그 수법이 퍽 진기하였다. 1958년의 청계천 복개공사 때 이 다리는 장충단 공원으로 옮겨졌다.

그 서쪽 장통교(長通橋)를 지나서 있는 광제교(廣濟

橋)는 본이름은 간 데 없이 그 굽은 형상으로 하여 오히려 굽은 다리〔曲橋〕로 통했다. 또 수표교 동쪽 두엇을 지나 서 있는 효경교(孝經橋)는 광주(廣州)의 효·불효교(孝不孝橋)에서 옮겨진 이름이다. 옛날 어느 과부가 밤마다 강을 건너서 글방 선생하고 밀통했는데, 아들이 어미를 위해서 놓은 다리는, 일면 효도 되고 불효도 되기 때문에 그렇게 이름이 붙은 것이었다.

그리고 청계천 본류의 송첨교(松簷橋)는 흔히 허종교(許琮橋) 또는 종교(琮橋)·종침(琮琛) 다리 등으로 불렸다. 성종(成宗)이 비 윤씨를 폐하고 사사(賜死)하자고 묘의(廟議)할 때, 당시 우참찬(右參贊)이던 허종(許琮)·허침(許琛) 형제는 훗날을 생각해서 그 묘의에 참가할 생각이 없었다. 이리하여 그들 형제는 누님과 의논한 끝에 대궐로 가다가 짐짓 다리에서 낙마하였다. 허리를 다쳐서 입조치 못한다고 구실했는데, 윤씨 소생인 세자가 연산군으로 즉위하자 그들의 예상은 적중하였다. 폐비 묘의에 참가한 사람은 모조리 죽음 아니면 유배, 이것이 그 유명한 갑자년 죽음의 사화(士禍)다. 그렇지만 허종·허침 형제는 그때 다리에서 일부러 떨어졌기 때문에 화가 없었다. 이로부터 사람들은 그들 형제가 거짓 낙마하던 송첨교를 허종교 또는 종침 다리라 부르곤 했다.

이러한 다리 스물네 개가 가로놓여진 청계천변 일대가 중촌(中村)이다. 그곳 중촌의 주민은 대개 중인(中人) 계급, 양반도 상민도 아닌 그들 중인 계급은 벼슬을 할 수는 있었지만 일정한 이상으로 승진할 수는 없었다. 즉 의술·천문·통역 같은 기술직에서 최고 4, 6품 이상으로 오르지 못하는 것이 철칙이었다. 그렇지만 이들이 기실 개화사상을 남 먼저 받아들이고 있었다. 그것은 역관(譯官)으로 외국을 드나들 기회가 많았다는 직업적 조건 탓이었을 것이다. 오경석(吳慶錫)은 중국에서 서구의 문물을 수입해서 유대치(劉大痴)에게 전했고, 유대치는 그것을 중인의 특유한 현실적인 안목으로 체계화하였다. 이리하여 김옥균(金玉均) 들에게 전해진 개화사상이 마침내 갑신정변으로 진전했다. 그러니까 청계천 일대는 개화기의 한국에서, 말하자면 나일강인 셈이다.

거기에는 1892년 이래로 청인들의 거주가 격증해서 수표교·관수교(觀水橋) 부근은 어느새 청인부락이었다. 그 해 세대수 3백 이상이던 그들 청인은 원세개(袁世凱)의 위세에 힘입어 한때 일상(日商)을 구축하면서 경제사적으로, 또 개화사적으로 중요한 역할을 담당하였다.

임자 없는 나룻배의 비극

개화기로 들어서면서, 청일전쟁이 나던 1894년에는 일인 하나야마(花山)라는 자가 경인간(京仁間)에 10대의 인력거를 수입하였다. 그때 인력거꾼은 거의 일인들이고, 훗날 어느 정도 보편화하는 단계에 들어서 한국인 차부(車夫)들이 등장하였다. 그들 계층은 천하의 건각(健脚)임을 자랑하던 한강 물꾼들, 또 어느새 사양길로 접어든 지난날의 교군(轎軍)들, 유랑하여 도시로 들어온 농군 역시 대부분 인력거꾼이나 지게꾼 등속으로 전락하였다. 춘삼(春三)이도 그렇게 전락한 농민의 한 사람이었다. 가뭄 끝에 홍수로 논밭을 잃자 이젠 시골에서 더 살아갈 길이 없었다. 도시에 사글세방을 얻고 직업은 인력거꾼, 그러나 그 노릇으로 입에 풀칠하기가 점점 어려워지고만 있었다. 비오는 날 흙탕물을 예사로 뿌리고 달아나는 자동차, 그러니까 인력거꾼들에게 자동차 운전수란 앙숙이다. 그런데 고객들은 자동차로만 쏠린 채 점점 인력거를 외면하는 것이었다.

그런데 하루는 미인으로 소문난 아내가 산고(産苦)로 위급한 형세였다. 초라한 몰골을 한 채 병원마다 냉대를 받고 돌아다니던 춘삼은 입원비를 마련하기 위해서 반쯤 열려진 어느 집 대문으로 마침내 침입, 그리하여 덜미를 잡힌 채 감옥으로 송치되었다. 그동안 딸 애련(愛蓮)이를 낳은 아내는 남편의 출옥을 기다리면서 바느질품으로 하루하루 연명하고 있었다.

그런데 딸 애련이가 위급한 돌림병에 걸렸다. 치료비는 없고, 그렇다고 앉은 채로 딸을 죽일 수도 없던 춘삼의 처는 전부터 유혹해 오던 자동차 운전수를 이젠 물리칠 힘이 없었다. 따라서 딸은 살아났지만 춘삼의 처는 남편에 대한 죄의식을 어떻게 할 수 없었다. 통한(痛恨)을 품은 채 강물 속으로 뛰어들었다. 출옥하여 이런 사실을 알게 된 춘삼은 어미 잃은 딸을 업고 어느 나루터에 정착하여 20년 세월을 사공으로 육지를 잊고 살았다.

그러자 나루터에 철교가 가설되면서 양복쟁이 기사(技師)들이 몰려들기 시작하였다. 그 철교는 춘삼의 나룻배 생활을 위협하는 것이었다. 그런데 처녀꼴이 몸에 배인 애련은 죽은 어미를 닮아서 미모가 출중하였다. 양복쟁이 기사들이 저마다 탐을 냈지만, 춘삼은 나루질 반평생을 위협하는 그 기사들에게 하늘이 무너져도 딸을 줄 수는 없었다.

드디어 철교가 완성되던 날, 그날은 춘삼의 나룻배 생활도 종지부를 찍어야 하는 날이었다. 기사들 역시 내일이면 이곳을 철수해야 했다. 그러니까 진작부터 애련을 탐해 오던 젊은 기사는 마지막 그 밤을 도저히 그대로 보낼 수 없었다. 배로 유인해서 폭력으로라도 야욕을 채워야겠다고 그 광경을 연출했다.

딸을 찾아나선 춘삼이 그 꼴을 보았다. 그 순간 춘삼의 눈에는 죽은 아내가, 또 죽은 아내를 욕보인 자동차 운전수가 보였다. 그런데 나루질마저도 해먹지 못하라고 놓여진 철교, 그리고 딸까지 망쳐먹고 말겠다는 젊은 기사…….

단숨에 기사를 내려친 준삼은 피 묻은 도끼를 들고 철교 위로 뛰어올랐다. 침목이며 선로를 후려 찍는데 때마침 우렁찬 기적소리, 춘삼은 복수와 통한(痛恨)의 화신이 되어 도끼로 기차를 찍겠다고 달려들었다…….

철교 밑으로는 이 영화의 표제가 된 '임자 없는 나룻배' 하나가 망각의 피안으로 사라지듯이 하류로 하류로 떠내려가고 있었다.

투신자살이란 새 풍속

1930년대에 나운규(羅雲奎)가 주연한 위의 영화는 시대의 조류에 밀리는 토착문화의 애환을 그린 것이었다. 그러니까 전답이며 인력거를, 또 나룻배를 잃기만 하면서 살아온 춘삼의 비극은 새로운 문화에 휘둘리면서 방황해야 했던 한국인들의 가장 현실적인 축도인 것이다. 아닌게아니라 춘삼이 같은 사공은 현실에 얼마든지 있을 수 있었던 것이, 한강 일대에 있었던 애당초 11개소의 나루가 지금은 어디 하나 명맥을 유지하고 있는 곳이 없는 실정인 것이다.

그 11개소의 나루는 송파(松坡)장으로 소장수들을 건네주던 송파나루가 상류로부터 첫번째다. 다음은 광장동과 풍납동을 연결하던 광나루이자 일명 광진(廣津)나루다. 이들은 광나루 다리가 가설되면서 없어진지도 옛날이다. 제3의 뚝섬나루는 그 옛날 할미당에 치성을 드리기 위해서 부인네들이 사인교(四人轎)를 타고 건너던 곳, 최근에는 잠실서 채소바리 얼마가 지나다녔고, 제4의 무시막나루(일명 두모개 나루)도 지금은 없다.

제5의 한남동 나루가 그래도 최근까지 계속하였다. 이 나루는 제3한강교로 인하여 구축당했고, 제6의 서빙고 나루도 마찬가지다. 제7은 지금 국군묘지와 군인 아파트의 선을 연결하던 동작 나루이고, 제8은 지금 인도교 자리로 한강을 건너던 노들 나루로서, 삼남대로로 가는 목이라 가장 홍청거리던 그 둘이 맨 먼저 인도교로 인해서 소멸하였다. 제9는 삼개〔麻浦〕 나루, 제10은 서강 나루, 밤섬 주민들을 실어 나르던 조각배는 연전 밤섬의 폭파작업과 함께 사라졌고, 마지막 양화(楊花) 나루의 상류 150미터 지점에 제2한강교가 가교(架橋)되었다.

이렇게, 나룻배를 구축하면서 가설된 다리는 1900년에 완성된 한강 철교가 시초였다. 경인선 공사를 위해서, 애당초 모리스에게 허가되었던 부설권은 일본 정금은행(正金銀行)에 저당된 후 경인철도 합자회사로 이전되었다. 이리하여 1900년 7월 5일 철교가 완성됨으로써 8월 8일부터 전구간을 운행하게 되었다.

다음은 1915년에 기공하여 1917년에 완성된 인도교다. 을축년 장마로 유실된 뒤 다시 가교된 이 다리는 아는 이가 극히 드물고, 우리가 보아 온 것은 최경렬(崔景烈)의 손으로 설계된 세번째 인도교다. 잠함식(潛函式)이라고 해서, 컵을 물에 엎으면 가운데가 진공이 된다는 원리를 이용한 공사였다. 큰 통을 컵처럼 물에 엎었는데, 수면 60척 아래까지 들어가서 사상(沙床) 밑 암석층에다 교각을 내려박은 것이다.

이 다리가 바로 동란 때 폭파된 그것이었다. 그리고 이들 인도교가 가설되기 전만 하더라도 열이면 여덟이

음독일 뿐 투신자살이란 없었다. 제1차 인도교가 완성된 이듬해인 1918년 봄에 용산 철도병원의 간호사가 제1착으로 뛰어들었다. 이로부터 불어나기 시작한 투신자살자는 여자가 훨씬 많아서, 1935년에는 남자 13명에 여자가 25명이었다.

그들 중 더러는 방향 감각을 잃어 백사장에 떨어진 채 허리만 다친 사람도 없지 않았다. 또 더러는 통치마로 꼿꼿이 뛰어내리다 치마가 바람을 먹은 채 물에 떠서 한정없이 흐르기도 했다. 어쨌든 인도교로 인하여 새로운 풍속도가 된 투신자살은 겨울이 좀 덜한 대신 4월부터 9월이 그 중 많았다. 그래서 한강 인도교에는 한때 잠깐 참고 기다리라는 경고가 입간판에 기록된 적도 있었다.

한편 한강 철교에서 투신한 사람은 필자가 아는 한 청화정(淸華亭)의 오모카미 가스죠(大上勝女)가 처음이다. 요릿집 국취루의 기생인데, 경부철도의 중역 오오에(大江卓)를 거쳐서 제일은행 인천 지점의 시마우치(島內義雄)가 애인이었다.

투신한 이유는 물론 실연이다. 그렇지만 미수로 그치면서 그 여자는 송병준(宋秉畯)의 소실이 되었다. 송병준의 출자로 요릿집 청화정을 개업했는데 이곳은 정미조약의 총본산이자 일진회 패들의 본거지다. 이리하여 한강 철교에서 투신한 제1호가 한말 친일세력의 막후인물이 되면서 여러 가지 화제를 남겨 놓았다.

주교(舟橋)를 스쳐간 애원성

근대적 교량이 가설되기 전, 조선 무렵이다. 능행하기 위해서 국왕이 강을 건널 때 한강에는 주교가 가설되었다.

주교는 관·사유선 38척을 일렬로 띠워 놓고 그 위에 1039매의 판자를 깔았다는 것이 정조(正祖) 무렵의 규모다. 그 좌우에는 주교를 연결하여 움직이지 않도록 버티며 고정시키는 호교선(護橋船)이 12척이 있었다. 국왕이 이 다리를 건널 때 3군의 장수들은 강 이편 저편에 도열해 섰고, 각(角)과 북으로 풍악이 물 위에 유량하였다.

이 다리를 완성하는 데 대개 20여 일이 필요했다. 그동안 한강의 수운(水運)이 두절되는데 지난날 한강의 수운은 경(京)으로 드는 유일무이한 교통 수단이다. 그뿐 아니라 주교를 놓을 때마다 징발을 당해야 하는 것이 한강 일대의 사유선이었다. 당연한 결과로 주교는 민원(民怨)의 대상이었지만 연산군 같은 군주는 추호도 그런 사정을 고려하지 않았다. 시흥 청량산(淸凉山)으로 사냥을 할 때 그는 심지어 말 너덧 마리의 도강(渡江)을 위해서도 주교를 놓도록 하명하였다.

그렇지만 주교로 가장 많이 도강한 이는 뒤주대왕 장헌세자(莊獻世子)의 아들인 정조였다. 부왕의 노여움을 사서 뒤주 속에 갇힌 채 8일 만에 굶어죽은 속칭 뒤주대왕. 그 아들 정조는 양주 배봉산(拜鳳山) 아래 초라

하던 능소(陵所)를 수원으로 옮긴 후, 1년에도 몇 번씩 능행하였다. 그런가 하면 효종은 배 세 척을 엮어 왕이 탄 가마를 도강케 함으로써 민원을 사지 않으려 했다. 주교를 위해서, 지난날 관제에는 주교사(舟橋司)며 주교절목(舟橋節目) 등의 직책이 있었는데, 고종 19년(1882년)에 금위영으로 사무가 이관되었다.

그후 1910년에 주교는 일인 우에다(上田)란 사람에 의해서 마포에 부활된 적이 있었다. 당시 경인간의 교통은 마포로부터 여의도로 한강을 건너던 것이 중요한 노순(路順)이었는데 여기에 배다리를 가설했던 것이다.

이리하여 우에다란 자는 한 번 다리를 건너는데 일금 8전을 징수하였다. 그 무렵은 나룻배 삯이 대략 2전이라 별로 다리를 이용한 사람도 없었겠지만, 그렇다고 사공들이 가만히 있지도 않았다. 영화 〈임자 없는 나룻배〉를 방불한 다리가 나룻배의 생업을 위협한다고 폭동을 일으켰는데 가담한 사람이 1만 명 이상이나 되었다. 그렇지만 외세에 휘몰리던 한성부는 장마철이 들면 절로 배다리가 떠내려간다고 주모자를 훈계했을 뿐 주교 자체를 철폐하지는 못했다.

한말 보수주의 학자들은 말했었다. '만일 조선에 길이 넓고 다리가 튼튼했다면 잦은 외침(外侵)으로 인하여 조선의 역사 자체가 아예 존재하지 않았을는지도 모른다'고.

그렇기 때문에, 구한국 시대만 해도 위정자들은 다리를 놓기는 고사하고 남이 놓은 다리를 도리어 뜯어낸다는 시대착오를 범하고 있었던 것이다. 총공사 일정이 2백70일, 공사비 40여만 원의 규모로 착수된 모리스의 한강 철교는 양옆으로 넉자 폭의 인도가 부설되었다. 그런데 정부는 시공자측과의 말썽 끝에 마침내 뜯어내 버리고 말았다.

그때 다리를 뜯어낸 이유에 대해서는 설이 많았다. 나룻배에서 징수하던 도진세(渡津稅)의 세원이 막힌다는 둥, 우스꽝스러운 것은 기차소리에 놀란 여인이 유산을 했기 때문에 다리가 부정해졌다는 둥 미신적인 이유이자 낭설이었다. 어쨌든 그런 불건전한 관념·사고방식 때문에 한국의 교량은 부진한 채, 문명의 대열에서 한 걸음 뒤떨어지는 현실을 초래하고 말았던 것이다.

5. 한성 4만6천의 주택

솟을대문 이전의 주택

'솟을대문이냐, 연락선 뱃문이냐, 이것이 문제로다'라는 연극 대사가 있었다. 개화기 신파극에 자주 등장한 이 대사는 누구나 알 수 있듯이 햄릿의 'To be, or not to be……'를 변화시킨 것이다. 솟을대문으로 들어가서 세도가·부잣집의 며느님이 되느냐, 아니면 연락선을 타고 동경으로 유학을 가느냐, '그것이 문제로다'라고 한 것은 개화의 물결을 탄 허영녀(虛榮女)·신여성들의 햄릿 못지않은 고민이었다.

그렇지만 세도가의 높다랗게 솟구친 솟을대문도 실은 조선 중엽 이후에 번성했던 것이다. 그 이전에는 오히려 검소해서 궁궐에도 오토단청(五土丹靑)을 썼으며 대내(大內)도 사대부의 가옥도 비루했다는 ≪문소만록(聞韶漫錄)≫의 기록이 있다. 원래 한국에는 사탑(寺塔)을 제하고 고루(高樓)·고옥(高屋)이 없어서 한말에도 4대문 이외에는 2층 구조가 없었다. 단층이자 높지도 못한 그나마 납작집이 대부분이던 한말의 주택에 관해서 비숍 여사는 다음과 같은 기록을 남기고 있다.

'가옥은 낮고 처마가 돌출했으며, 벽은 진흙을 아무렇

게나 발라서 시가에 미관을 전혀 보태지 않는다. 지상 3,4척 정도에 종이로 바른 창이 있다. 온돌의 연기에 그을러서 추녀와 기둥과 벽이 엉망으로 더럽혀져 있다.'(≪한국과 그 이웃나라≫)

가옥이 낮아야 했던 것은 대궐보다 높을 수 없다는 외에 또 하나 풍수상의 이유가 있었다. 산이 많은 한국의 지세(地勢)는 풍수설로 볼 때 양(陽)에 속하며 산이 적은 것이 음(陰)이다. 가옥은 높은 것이 양이요 낮은 것이 음인데 양과 양, 음과 음은 상충(相衝)하며 음양의 조화로서만 생기 발동한다는 것이 풍수설의 견해다. 때문에 산이 많은 지세에 고옥(高屋)을 지으면 국운이 쇠한다고 고려 충렬왕(忠烈王) 무렵에 관후서(觀候署)는 상소하였다. 이러한 견해에 의해서 고려도 조선도 궁궐은 그다지 높지 못했고 민가도 납작집이 태반이었다.

뿐만 아니라 남향 집에 동향 대문도 실은 조선 중엽 이후에 생긴 것이다. 그 이전에 남향 집이라곤 궁궐과 법전(法殿)뿐이었다. 육조(六曹)를 비롯한 정부 청사는 대궐 남쪽 광화문 밖에 좌우로 도열해 있었다. 그 중 대로 동편에 있는 것은 서향으로 방위를 잡았으며, 길 서쪽에 있는 청사들은 동향으로 건축을 했던 것이다.

사대부의 집은 거실도 마루도 동향이 아니면 서향이었다. 가옥 전체는 대궐을 향해서 북향이었고 감히 남향으로 대궐을 등지지 못했다. 11대 중종(中宗) 이래로 기법(紀法)이 해이해져서 방은 남향으로 밝음을 취했고 집도 남향으로 대궐을 등지는 것이 생겼다. 그런데도

처벌은 고사하고 별로 탓하는 사람도 없었던 것이다.

이러한 변화를 ≪문소만록≫은 권신(權臣)·간신(奸臣)이 나라를 맡아서 탐풍(貪風)이 크게 인 탓이라고 말하고 있다. 또 ≪송와잡설(松窩雜說)≫은 인심이 날로 사치해져서 분수를 범(犯)하고 예(禮)를 침(侵)하는 짓을 예사로 하게 된 것이라 비난하였다. ≪문소만록≫에 의하면 칸수도 많아져서 최하 10~70가(架) 이상이 1백여 가나 되었다 한다. 공관(公館)도 사제(私第)도 높고 큰 것만을 취했기 때문에 재목이 동이 나서 심산과 벽곡(僻谷)을 모조리 작벌(斫伐)했다는 ≪용재총화≫의 기록이 있다. 저자 성현(成俔)은 태평한 세월에 예와 문물이 번욕(繁縟)해진 탓이라고 그것을 비판했던 것이다.

어쨌거나, 15세기 말에서 16세기 초에 걸쳐서 연초(鍊礎)·고주(高柱)·비첨(飛簷)은 하늘로 솟아올랐다. 국초에는 대궐에도 오토단청을 썼는데 이젠 사대부의 집에도 버젓이 진채(眞采)를 쓰게 되었다. 음식도 의복도 사치해져서 서민들도 그 옛날 재상이 입던 삼승포(三升布)를 싫어했다. 그러나 미처 백 년이 못 가서 임진란으로 모두 재가 되고 말았던 것이다.

대지(垈地)와 건평(建坪)이라는 신분

대지는 한말에까지도 사유가 인정되지 않았다. 한양으로 천도하자 태조는 성내의 토지 일체를 국유화 한

후 대궐·종묘·사직·관아의 부지며 도로·구거·시장
의 용지를 우선 선정하고 할점(割占)했다. 나머지가 왕
족 이하 서민들의 조가지(造家地)인데 사용권만 부여된
것이다. 이와 같이 성내의 토지는 누구도 사유할 수 없
었기 때문에 당시의 주택은 요즘처럼 대지에 건물이 포
함되는 형식이 아니라, 반대로 집이 위주요 대지는 건
물에 부속된 형식이었다.

성내에 집을 지으려고 하면 한성부에 구체적인 장소
를 지적해서 신청해야 한다. 한성부는 신청된 장소가
공지(空地)이거나 허여(許與)된 지 만 2년에 조가되지
않았으면 신청을 허락하는 것이 원칙이었다. 다만 예외
가 출사(出使)·외임(外任)·조상(遭喪)으로 조가치 못
한 경우인데, 이때는 다른 장소를 정하게 한 뒤 허락한
다. 그런데 대지의 사용 한도는 ≪경국대전(經國大典)
≫〈급조가지(給造家地)〉의 조항에 의해서 다음과 같은
차별이 있었다.

대군(大君)·공주(公主) (왕의 적출) 30부(負)
왕자군(王子君)·옹주(翁主) (왕의 서출) 25부
1·2품 15부
3·4품 10부
5·6품 8부
7품관 이하 및 음관(蔭官)의 자손 4부
서민 2부
(측량은 삼등전척(三等田尺)을 사용했다. 서민 2부
는 주척(周尺)으로 40척 6촌 4분 평방(平方)이다.)

대지의 면적이 신분에 따라서 달랐기 때문에 가옥의 크기 또한 동일할 수는 없었다. ≪경국대전≫ 공전(工典) 잡령(雜令)은 대군이면 60간(間), 왕자군·공주는 50간, 옹주·종친 및 1·2품 문무관은 40간, 3품 이하 30간, 서민 10간으로 가옥의 한도를 정하고 있다. 또 숙석(熟石)이라 하여 광채 있고 견강(堅剛)한 석재는 쓰지 못했으며, 화공(花拱) 또는 초공(草拱)이라 해서 대들보를 받치는 곳에 꽃이나 푸나무를 조각한 기둥도 금제(禁制)되었다.

그뿐 아니라 조가를 할 수 있는 지대도 계급에 따라서 동일하지 않았다. 고려 말엽에 주택이 집중한 곳은 현 중앙청 서북편 남경이궁(南京離宮,1)을 중심한 관청가 일대, 또 하나는 지금 효제동 부근인 동촌이자 일명 양류촌(楊柳村)이다

1) 서울은 북한산·남평양·신주·양주 기타로 불리다 고려 16대 숙종(肅宗) 6년에 남경, 이후 한양부·한성부·경성부·서울특별시로 변했다. 남경이궁은 숙종 이후 몇 번이나 위치가 변한 것 같다.

조선 중엽 이래로 동촌은 동인(東人)들의, 현 중앙청 서북편은 이배(吏輩)며 고직(庫直)이들의 주택가로 되어 있었다. 서울 부근의 세궁민들이 행랑살이로 흘러든 외에는 시골 사람 한 명도 함부로 전입을 못하던 서울의 엄격한 거주지 제한─그 대략을 기록하면 그 당시의 계급별로 주택가는 다음과 같다.

동촌(낙산 및 효제·연건동)─동인

　서촌(서소문 내외)—서인

　북촌(청계천 이북)—문반

　남촌(청계천 이남)—무반

　중촌(수표교 부근)—중인(中人) 계급

　우대(광교 서북)—이배·고직이

　아래대(孝經橋 아래)—장교(將校)·집사(執事)·군속
(軍屬)

　현 누하동 일대—대전별감(大殿別監)·액례(掖隷)

　원남·연지동 근처—무감(武監) 족속

　왕십리 일대—군총(軍銃), 즉 병졸들

　다동·청진동—장사꾼 즉 시정배

　성균관 근처—관노·수육업자(獸肉業者)

　동숭동 일대—백정(도살업자)

　배우개(종로 4,5가)—갓바치〔鞋匠〕

　필동—붓장이〔筆匠〕

　굴레방다리　부근—마종(馬從)·교군(轎軍)·유기장
(鍮器匠)

　5강　일대(마포·서강·양화·흑석·노량진　일대)—
강(江)대 사람(선부(船夫)·어부·선적부(船積夫))

　세검정 부근—제지업자

　창신동—내시·환관

　말하자면 텃세라 할까. 이상이 생활·습속상의 제한
이라면 법률상의 제한은 금산(禁山)에 조가(造家)를 못
한다는 것 등이었다. 금산뿐 아니라 ≪경국대전≫ 〈금
화(禁火)〉의 조항에 의하면 대소 궁궐의 담장을 중심으

로 한 사방 백 척 이내에도 인가의 건축을 금했다. 무릇 가대(家垈)로서 산에 의지한 곳은 관상감(觀象監)이 심시(審視)하여 임압금기처(臨壓禁忌處)는 절급(折給)하지 않았다. 즉, 압뇌(壓腦)에 임(臨)한 곳을 금기·불허했는데, 압뇌란 분묘의 뒤쪽 가까운 곳에 산소나 가옥을 건축함으로써 산소의 지기(地氣)를 해함을 이른 말이다.

재인(才人)·백정은 재백정단취(才白丁團聚)의 법에 의해서 일정한 지역에 동류(同類)로서만 살게 하였다. 무당·판수는 성내에 거주를 못했고 승려는 유숙조차 금지였다. 화랑(花郞)과 유녀(遊女)·무녀(巫女)로서 성내에 거주하는 자는 적발하여 논죄(論罪)했다. 관원이 범법한 사실을 묵인하면 파면·출직(黜職)하는 등 조선의 거주 제한은 사뭇 삼엄하였다.

금환락지(金環落地)·연화부수(蓮華浮水)의 전설

오래 된 것은 석탈해(昔脫解)가 택지(宅地)를 점했다는 《삼국유사》의 기록이 있다. 동자 2명을 거느리고 토함산(吐含山)에 올라간 석탈해, 그는 석총(石塚)을 짓고 7일을 머물면서 성중에 살 만한 곳을 물색했다. 그 중 마음에 드는 곳이 형세가 초승달 같은 한 봉우리였다. 산을 내려가 물어 보니 호공(瓠公)이 사는 집이었다. 탈해는 계교를 내어 숯을 집 옆에 묻어 두고 소송을 제기했다. 조상의 집이니 돌려 달라고. 호공이 부

인하자 탈해는 조상이 대장간 영업을 했으니 땅을 파
보면 숯이 나올 것이라고 말했다. 이리하여 명백히 드
러난 증거(?) 앞에서 호공은 마침내 집을 빼앗기고 말
았던 것이다.

이상 설화 중에서 '세(勢)가 초승달 같아서 오래 살
만한 곳'이라고 한 대목은 확실히 풍수적인 견해다. 백
제는 만월(滿月)이라 망했고 신라는 초승달이라 성했다
지 않던가? 탈해는 호공의 집을 얻은 후 남해왕(南解
王)에게 지모를 인정받아 맏사위가 되었다. 즉위한 후
에 그가 살던 호공의 집 일대를 반월성(半月城)으로 이
름한 것도 초승달이 반월로 성장하여 아직도 세가 남았
다는, 역시 풍수적인 대목이다.

아닌게아니라 지난날 인간의 길흉화복은 풍수가 주관
하였다. 묘지도 주택도 도읍도 산수의 정(精)을 받으면
흥하고 반대이면 흉하다는 사상이다. 그런데 묘지가 음
택(陰宅)이라면 주택이나 도읍은 양기(陽基)로 칭하는
것이 풍수설의 술어다. 이런 음양의 이론에 의해서, 한
국에는 소위 명당(明堂)·길지(吉地)의 발복(發福)을
바라고 이주하는 무리도 없지 않았다.

즉, 전남 구례군 토지면(土旨面) 금내리(金內里)와 오
미리(五美里) 일대는 소위 금구몰니(金龜沒泥)·금환락
지(金環落地)·오보교취(五寶交聚)의 진혈(眞穴)이 있
다고 해서 이주자가 집결하는 곳이다. 3백여 년 전, 유부
천(柳富川)이 터를 점쳐 정하고 조가할 때 땅 속에서 거
북 형상의 돌이 나왔다. 소위 금구몰니라는 상대(上臺)

이자 1등 진혈이 발견됐다는 것인데, 유씨의 후손은 번
영해서 근래에도 1등 호가(豪家)이다. 유씨댁이 상대라
면 중대(中臺:2등 진혈)인 금환락지 및 하대(下臺:3등
진혈)인 오보교취는 그 아래 들판이겠다고 해서 날로 찾
아드는 무리—그들은 유씨 일가의 번영을 금구몰니의 진
혈 탓으로 믿으면서, 자기도 중대나 하대에 집을 지었으
니(그렇게들 믿지만 증거는 없다) 발복은 시간 문제라고
생각하는 것이다.

이 밖에 삼남(三南)의 4대 길지로 꼽히는 곳이 경주
의 양좌동, 풍산의 하회와 임하면 천전동과 내성의 유
곡이다. 그 중 경북 안동군 임하면 천전동은 4백50년
전 김진(金璡)이 자손 영성(永盛)의 땅으로 점친 '완사
명월(浣紗明月)'의 길지다. 완사명월형이란 산수가 사
(紗)를 명월 아래서 빤 형국으로 되었다는 풍수적 형용
이다. 그런 곳에서 고관을 배출한다는 것인데 이유는
귀인의 옷으로 되는 사(紗)가 달 아래서 빨면 미려함을
더하기 때문이다. 아닌게아니라 김진이 조가한 지 미구
에 아들 김성일(金誠一)의 다섯 형제가 등과(登科)하여
고관이 됐기 때문에 5자 등과택으로 통하고 있다.

경북 안동군 풍산면 하회는 풍산유씨(豊山柳氏) 일문
의 세거지다. 이곳은 낙동강이 굴곡하는 동남으로 서남
에 걸쳐서 펼쳐진 넓은 평야다. 강의 북쪽 기슭은 수려
하고 험한 절벽이 있어 자연의 요새이자 경치 좋은 경
작지다. 그 평야는 강기슭 가까운 곳이 이른바 행주형
(行舟形)이며 중앙에서 본다면 연화부수형(蓮華浮水形)

인 것이다.

행주형은 돛대·키·닻을 구비하면 길지다. 이를 결(缺)하거나, 정수(井水)를 파면 표류·전복을 면하지 못하기 때문에 흉지다. 연화부수형은 꽃도 열매도 구비할 수 있어 유종의 미를 본다. 연꽃은 아름답고 향기가 높기 때문에 청사(靑史)에 빛날 위인을 배출한다. 단지 연꽃이란 물 밖이나 물 속에서는 안 피고 수면에 뜸으로써만 피기 때문에 택지는 수면보다 높아도 낮아도 안 된다. 그런데 이 마을에는 이 마을이 생기던 당시부터 전설이 있었다. 이 땅은 이 땅에 사는 자의 외손(外孫)의 소유가 된다는 것이었다.

그런데 이 부락 당초의 주민은 강 기슭에 허씨(許氏)가 살았다. 안씨(安氏)가 들어와서 허씨의 외손을 보자 허씨는 마침내 멸망하고 말았다. 그 무렵 약 4백 년 전에 이주한 사람이 지금 하회유씨(河回柳氏)의 조상인 유공작(柳公綽)이다. 유씨네들이 토착 안씨의 외손을 보자 안씨도 마침내는 멸망했던 것이다.

유씨네들은 이러한 내력이 싫어서 허씨·안씨네들처럼 강기슭에 살지 않고 평지 복판으로 터를 옮겼다. 즉, 강기슭 행주형부터 연화부수형의 중심으로 자리를 옮긴 것이다. 그리고 택지를 수면과 평평하게 다듬어서 집을 지었다. 아니나다를까, 유씨 일문은 융성해서 서애 유성룡(柳成龍) 같은 석학·명상을 낳고 굴지의 대성(大姓) 부락으로 발전하였다.

흉가집 이야기

이중환(李重煥)은 ≪팔역지(八域誌)≫에서 수구(水口)·야세(野勢)·산형(山形)·토색(土色)·수리(水理)·조산조수(朝山朝水)의 순으로 양택(陽宅)을 논했다. 수구는 이지러지거나 소(疎)하거나 공활(空濶)하지 않으므로 재물이 모인다. 야세는 넓은 들에 하늘도 넓어야 복지(福地)다. 사방에 산이 높아서 일출(日出)이 늦고 일몰(日沒)이 빠른 곳은, 또 밤에 북두(北斗)의 영성(靈星)을 못 보는 지대는 소음(小陰)의 기(氣)를 타서 신총귀굴(神叢鬼窟)이 되는 흉지다. 토색(土色)은 생기와 길색(吉色)이 있어야 하고 토사(土砂)가 견밀(堅密)하며 샘물이 맑아야 한다. 차지고 누르고 무른 곳은 사토(死土)다. 샘물도 독기(毒氣)로서 풍토병을 일으키기 때문에 거주에 적합치 않다는 것이다.

이리하여 흉가니 귀신 나는 집이니 하는 것은 진작부터 세상에 없지 않았다. 그 하나는 ≪배계기문(涪溪記聞)≫이 전하는 다음 이야기가 있다.

광해군의 장인인 유자신(柳自新)이 남산 아래 집 하나를 샀다. 하룻밤을 자고 나니 귀신의 작간(作奸)인데 벽에 시 쓴 종이가 붙어 있었다.

> 밤 새워 천리를 가니
> 옛 땅은 창망(蒼茫)하게 비었도다
> 슬피 불러도 일월(日月)은 없고
> 머리 돌리니 피의 강이 붉더라.

이로부터 귀신의 장난은 날로 심해졌다. 종종 벽에 글을 붙여서는 미구에 화(禍)가 닥친다고 경고했다. 견디다 못해 집을 팔고 이사한 유자신, 화는 고사하고 미구에 광해(光海)의 장인이 되면서 유자신은 금옥(金玉)이 만당(滿堂)하는 복을 누렸다. 그 대신 남산 아랫집은 귀신 탓에 드는 사람마다 죽더니 마침내 폐가가 되고 말았다.

≪산림경제(山林經濟)≫는 〈복거편(卜居篇)〉에서 지세(地勢)·택지(宅址)·수론(水論)·사론(砂論)·풍론(風論)·조옥(造屋)·조문(造門)·정조(井竈)·택목(宅木)의 순으로 주택을 논했다. 이것은 2백 년 전 정종 무렵까지의 주택풍수에 관한 속신(俗信)을 기록한 것이다. 이에 의하면 택목이자 정원수는 술방(戌方:정서(正西)에서 북으로 30도를 중심으로 한 15도 각도 안의 방위)의 큰 나무, 마당 한복판의 수목, 문앞의 고목, 단풍과 처마 밑으로 드는 뿌리는 모두 불길하다. 지붕 위에 솟은 고목과 몸채에 가까운 단풍은 귀신을 부른다. 장수(長壽)하는 나무는 훗날에 제거하기 어렵고 백년 된 나무는 끊으면 앙화(殃禍)를 입는다. 술해방(戌亥方:술방(戌方)과 해방(亥方)을 같이 이름. 해방은 정북에서 서쪽으로 30도 되는 방위를 중심한 15도의 각도)3주의 오동은 노비를 늘리고 중문(中門) 세 그루의 괴목(槐木)은 대대로 부귀를 약속한다. 괴목은 집 앞에도 좋고 신방(申方:정서(正西)에서 남으로 30도를 중심으로 한 15도 각도 안의 방위)에 심으면 도둑이 안 든다.

마당 앞 석류는 많은 자손과 현자(賢子)를 약속한다.

이리하여 ≪송와잡설≫은 한 이야기를 전하고 있다. 동대문 안 윤명은(尹鳴殷)의 집 문전에 해묵은 괴목이 있었다. 윤이 벼슬하기 전 어느 날 사정(射亭)까지 걸어가서 친구의 집을 방문했다. 과음하여 돌아오다 윤은 어두운 길거리에 쓰러지고 말았다. 얼마를 잤는지 문득 정신이 드는데 달은 지고 사방에 인적이 없었다. 그런데 옆에 앉아서 지키고 있는 한 사나이가 윤이 비틀걸음으로 집을 향하자 뒤를 따르고 있었다. 도중에 한 사람이 어디 갔다 오느냐고 하자 사나이가 대답했다. 우리 주인이 밤늦도록 돌아오지 않아서 마중을 나왔다고. 문전 괴목 아래에서 사나이는 홀연히 자취를 감추는 것이었다.

그런가 하면 이덕형(李德泂)이 쓴 ≪죽창한화(竹窓閑話)≫도 재미있는 얘기를 전하고 있다. 이덕형의 친척인 김현감(金縣監)의 집이 인왕산 밑에 있었다. 김현감은 마당에 장미 한 그루를 공들여 가꾸면서 완상(玩賞)하였다.

하루는 김현감이 졸고 있는데 문득 황의장부(黃衣丈夫)가 나타나더니 읍하며 말했다.

"제가 여러 해를 귀 댁에 살면서 문호(門戶)의 보호를 받자와 우락(憂樂)을 같이 했습니다. 단지 주인의 아드님이 무례하여 매번 제 얼굴에 더러운 것을 뿌리는군요. 화를 주려 했지만 주인을 보아 차마 못하겠습니다. 잘 타일러 주십시오."

말을 마치자 그는 장미나무 밑으로 자취를 감추는 것이었다.

꿈을 깬 김현감이 몰래 지키고 있는데 잠시 후 큰아들이 나타났다. 장미나무 앞에 서더니 과연 큰아들은 꽃이며 잎새 할 것 없이 오줌을 깔기는 것이었다. 꿈이 하도 신기해서 호되게 야단을 치고 다시는 그짓을 못하게 하였다. 그뿐 아니라 김현감은 종에게 물을 떠오라 하여 꽃이며 잎새를 말끔히 가셔 줬다는 것이다.

항간에는 까치가 남쪽 정원목에 둥지를 틀면 주인이 과거나 벼슬을 한다고 믿고 있었다. 그래서 태종 때 벼슬을 못하던 어떤 사람은 상감이 거둥하는 기미를 알고 까치집을 남쪽 나무에 옮기게 하였다. 때마침 태종이 지나다가 보시고 하문하자 둥지를 옮기던 종은 주인이 벼슬을 못해서 그런다고 답했다. 태종은 불쌍히 여겨서 벼슬을 내렸다고 ≪청파극담(靑坡劇談)≫이 전하고 있다.

조선시대의 도둑촌, 호화주택

동대문 밖에 정승 유관(柳寬)의 집이 있었다. 5,6간 정도의 오막집인데 대문도 담장도 없었다. 비만 오면 양사방이 새어서 온 방이 한강이었다. 이럴 때 청빈한 재상은 우산을 받고 앉아서 아내에게 말하는 것이었다.

"우린 방에서 우산이라도 받았으니 다행이오. 우산도 없는 집은 그야말로 딱하지 않소?"

그렇지만 제10대 연산군의 탕정(蕩政) 이래로 검소

한 풍은 자취를 감추기 시작했다. 그전에는 제7대 세조 때 김국광(金國光)이 장흥동(長興洞)에 호화주택을 지으므로 탄핵까지 받은 적이 있었다. 김안로(金安老)도 제11대 중종 무렵에 호사한 별장을 지으므로 탄핵하는 사람마다 그것을 시비했었다.

즉위한 지 10년에 연산군은 매부 남치원(南致元)의 집을 징발해서 함방원(含芳院)으로 만들었다. 재안대군(齋安大君)의 집은 뇌양원(蕾陽院)으로, 견성군(甄城君)의 집은 진향원(趁香院)으로, 그 모든 것은 운평(運平)이니 흥청(興淸)이니 속홍(續紅)이니 하던 기생들의 처소다. 그뿐 아니라 연산은 내도성(內都城:대궐 바깥 담)을 쌓고 성 밖의 민가를 헐어 버렸다. 또 양주·파주·고양의 민가를 철폐하고 놀이터로, 광주·양주·고양·양천(陽川)은 주민을 쫓아 버리고 내수사(內需司)의 노비를 대신 살게 했던 것이다.

이리하여 제14대 선조 무렵에는 사치한 풍이 이미 세상을 뒤덮고 있었다. 그 옛날 말썽 많던 김안로의 호화별장 곁에 이번에는 정승 정유길(鄭惟吉)이 정자를 지었다. 김안로의 별장보다도 백 배나 훌륭했으나 누구 한 사람 비난하지 않았던 것이다.

이 무렵에 들면서 남산 북쪽 기슭은 대신들의 별장지로 크게 각광을 받았다. 현 남창동에는 이항복(李恒福)의 정자가, 퇴계로 4가에는 이안눌(李安訥)의 별장이, 필동에는 유성룡(柳成龍)의 별택(別宅)이…… . 판서 홍여순(洪汝淳)은 동대문 안에 으리으리하게 새 집을 지었다. 온갖 화초와 나무에 못을 파서 연꽃을 심은 호화 주택을 지었다가, 임란으로 불타 버리자 그 터에 곱절이나 사치한 집을 짓느라고 홍여순은 탐학(貪虐)을 범했다. 대간의 탄핵으로 진도(珍島)에 유배된 지 1년, 죽고 나니 슬하에 외손 하나가 남았다. 재물은 유배중에 탕진되어서, 나이 어린 외손자는 상여에 치장도 없이 베 한쪽을 덮어서 초라하게 장사를 치렀다.

그런데 국초에 왕자며 공주·옹주들은 종친·내족(內族)의 집으로만 피난을 가는 법이었다. 때문에 민중은 그같이 피난을 했다는 사실조차도 까맣게 모르고 지냈다. 임란이 일어나자 왕자·공주들은 별감배를 시켜서 길한 방위와 행선지를 정하고는 불시에 사족(士族)의 집으로 들이닥쳤다. 대문에 표(標)를 붙이고는 그날로 집을 비우라고 불호령이다. 가산(家産)·집물도 챙기지 못하고 집을 비키면 유숙한 지 며칠이나 반 달, 한 달에 또 다른 길한 방위로 옮겨간다. 그리고 또다시 표를 붙이고 주인을 내쫓는 것이었다.

난리가 끝나고 대궐도 종묘도 소실된 채 민가만 태반이 남아 있었다. 인심은 흉하고 벌이는 없고 물자는 귀했다. 빈 집을 헐어서 때더니 마침내는 제 집 행랑채며 광·헛간·대문을 헐어서 장작으로 땠다. 이리하여 서울이건 시골이건 간에 불과 몇 해가 못 가서 그야말로 쑥밭이 된 것이었다.

이런 판국에 백성은 고사하고 대관도 움집에 살면서 10년을 집 지을 엄두조차 못 냈다. 환도한 지 10년, 임

인년(壬寅年)에 우의정 윤승훈(尹承勳)이 제1착으로
역사를 크게 벌이자 사람들은 말했다. 윤정승이 지모가
라던데 장래의 이석지변(移石之變)을 모르니 빈말이라
고. 아닌게아니라 제15대 광해군이 창덕궁(昌德宮) 등
의 재건공사를 일으키자 윤승훈의 집 훌륭한 석재도 배
겨날 수는 없었던 것이다.

당연한 것이, 인경궁(仁慶宮)·경덕궁(景德宮) 등을
지을 때 광해는 닥치는 대로 민가를 헐어서는 대궐의
건재(建材)로 사용했다.

그런데 광해군 11년에 유사 이래 대화재가 있었다.
어물전 행랑(YMCA 부근)에서 일어난 불은 남대문 근
처까지 1천여 호의 민가를 태웠다. 종각도, 남별궁(南
別宮:조선호텔 자리)도, 서궁(西宮:덕수궁 자리)도 불
타고 말았다. 종을 못 치니 시간을 알리지 못했고, 길에
는 사람과 짐승의 시체가 즐비하였다.

이때 훈련도감 이하 병졸들이 출동했지만 집을 헐어
타는 것을 막는 정도가 고작이었다. 우물이 귀해서 물
꾼들은 한강까지도 달음박질을 쳤고, 부인들은 물동이
를 인 채 종종걸음을 쳤다. 1907년에 왕궁소방대가 발
족할 그때까지 한국에 소방시설이라곤 없었다. 지붕에
올라가서 여편네 속곳에 간장을 적신 것을 휘두르면 불
똥을 막는다는 속신(俗信) 때문에 이짓은 도처에서 성
행하였다.

개화기의 양옥집

외국인은 성내에 살지 못했다. 때문에 임오군란 당시만 해도 일본 공사관은 서대문 밖 청수관(淸水館)에 있었다. 군란으로 철수했던 공사 하나부사가 그 해(1882년 8월) 인천에 상륙했다. 양화진(楊花津:제2한강교 부근)을 건너자 경기관찰사 홍우창(洪祐昌)이 대원군 별장인 복파정(伏波亭:당인리 발전소 자리)에 들라고 말했다. 이를 거절하고 하나부사는 8월 16일에 성내로 들어서 금위대장 이종승(李鍾承)의 집(충무로 2가 부근)에 관소(館所)를 정했다. 이것이 서울 성내에 외국인이 터놓고 거주한 시초이다.

한편 한국 최초의 양식 건물은 1879년 부산 동광동(東光洞)에 건축된 일본 관리관청의 목조 단층집이다. 2층 양식 건물은 1883년 10월부터 인천·부산·서울 등지에 들어서기 시작한 각국 공사관 및 영사관들이다. 서울 최초의 2층 양옥은 박영효(朴泳孝)의 집(교동)을 사서 허물고 지은 1884년의 일본 공사관이다. 또 서울 최초의 벽돌집은 1886년 11월에 준공한 배재학당 강당이다.

교동의 일본 공사관은 준공된 지 2개월 만에 갑신정변으로 폭민(暴民)들이 불질러 버리고 말았다. 그 설계대로 남산동 3가에 건축된 것이 서울에서 최초인 2층 양옥 민가다. 소유자는 공사관을 지은 오오라쿠미(大倉組)의 건축노무자 도미다(富田鈴吉), 1888년에 낙성했다. 한국인의 손으로 된 최초의 양식 건물은 앞서 말한 배재학당 강당, 한국 최초의 서양식 건축 기사로 알려진 심의석(沈宜碩)이 명목수 김덕보(金德甫)와 함께 지은 것이다.

그런데 한국의 가옥에는 예로부터 목욕탕이 없었다. 상류층 민가 가옥의 전형이자 가장 완벽했다는 비원의 연경당(演慶堂)에도 목욕간만은 없었다. 개화가 되자 일부 신식 가정에서는 집 모퉁이에 외따르게 지어진 사당(祠堂)을 목욕간으로 고쳐 쓰는 풍조가 생겼다.

그럼 정몽주(鄭夢周) 이래 반 천년을 계승한 경조(敬祖)의 풍습을 보자. 삼국(三國) 이후 고려에 이르도록 한국은 불교를 숭상함으로써 사당은 명색이 없었다. 정몽주가 제사의 법을 세운 후로 중류 이상 상류는 먼저 사당을 짓고 신주를 모신 후에야만 주택을 건립했던 것이다.

이리하여 전후좌우가 솔밭이던 조병식(趙秉式)의 별장 터에도 결국은 고층 건축이 들어섰다. 즉, 명동 천주교당, 종루까지 1백40여 척인 이 건물은 1887년에 대지를 구입해서 1897년에 낙성한 한국의 첫 고층 건축이다. 지금은 그 부근 일대가 20여 층 빌딩의 거리가 되었다.

그럼 이렇게 되기 전 1894년 서울을 비숍 여사의 책에서 전망해 보자.

'남산에 올라서 보면 15평방마일의 들은 정녕 암회색 지붕의 바다다. 수목이 없으니, 하물며 삼림도 없고 광

장도 공원도 없다. 단조롭고 평범한 것이 오직 불 꺼진
재와 같을 뿐이다. 이 평원의 군데군데에 2층집 대하
(大厦)라고 보이는 것은 시를 한계짓는 4대문이다. 돌
담으로 땅을 구획한 것은 대궐이다. 동서에 길이라고
보이는 것은 종로, 남향한 또 하나가 남대문으로 통하
는 큰 길이다. 움직이는 것은 남자, 짖는 것은 개, 이밖
에는 천지간에 소리가 없어 무인(無人)의 광야에 선 것
과 마찬가지다.'

　여사가 한국을 여행했던 1893년 서울은 호수 4만6
천5백65로 인구 20만이 사는 도시였다.

6. 대궐의 풍수적 신앙

마당바위의 원시 민주주의

상고 때에도 데모크라시는 있었다. 재상을 선출할 때 백제는 제1차 당선자 3,4명의 이름을 서로 다른 함에 밀봉하여 호암사(虎巖寺) 경내 마당바위에 올려놓았다. 한동안이 지나면 개봉하여 이름 위에 인적(印跡)이 있는 자로서 재상을 삼는 것이다. 때문에 그 바위는 정사암(政事巖)으로 불려지고 있었다.

그런가 하면 공주(公州) 북쪽 취리산(就利山)에도 천정대(天政臺)라는 넓은 마당바위가 있다. 백제가 나당(羅唐) 연합군에 패했을 때, 신라 문무왕(文武王)과 당나라 장군 유인원(劉仁願), 백제 왕족 부여륭(夫餘隆)의 3자는 이 바위에서 회견을 가졌다.

그들은 희생의 피로써 항복과 예속을 맹세하고 서약을 새긴 철권(鐵券)을 마당바위의 북쪽에 묻었다. 때문에 그 바위는 천정대로 불려져 왔던 것이다.

재상의 임명이나 항복의 조인식 같은, 국사 중에서도 지극히 중요한 부분이 대궐 아닌 마당바위에서 결정된 사례는 백제뿐 아니라 신라에도 있었다.

≪삼국유사≫ 권1 〈진덕왕(眞德王)〉 조에는 알천공

(闕川公)·임천공(林川公)·술종공(述宗公)·호림공(虎林公)·염장공(廉長公)과 유신공(庾信公)이 남산 궁지암(弓知巖)에서 국사를 의논했다는 기술이 보인다.

그때 신라에서 4대 영지(靈地)로 꼽히던 것이 동에 청송산(靑松山), 서에 피전(皮田), 남에 궁지산과 북의 금강산이다. 나라의 중대사일수록 이 중 어딘가에 대신을 소집해서 의결했고, 그래야만 영험이 발생한다고 믿었었다.

그렇다면 이것은 박혁거세를 세울 때, 서라벌 육부촌(六部村)의 촌장들이 알천 기슭에서 회합한 것과 비슷한 풍습이다. 또 그것은 아테네의 시민들이 신전 기슭 '아고라'(아테네 등 도시국가의 집회소. 그 중심은 편편한 대석(大石)이라 한다)에 모여서 정사를 의결하던 제도와도 비슷한 것이다.

이것이 후세에는 부락의 규모로 축소되어서 '마당바위'의 전설·풍습은 근래에도 각처에 산재해 있다. 말하자면 한여름의 부락회의가 동구 밖 느티나무 밑에서 개최되는 그런 식이랄까? '아고라'가 그리스 민주주의 광장이듯이, 한국민들은 마당바위에서 원시 민주주의를 꽃피워 왔던 것이다.

1913년 10월에 있은 일이다. 일본인 대의사(代議士)가 완도 남쪽 보길도(甫吉島)의 울창한 산림을 보고 침을 흘렸다. 총독부에 압력을 넣어서 식산국(殖産局) 산림과의 측량반들이 현지에 출동을 했다.

이때 섬의 존장(尊長)인 김노인은 속칭 '마당바위'로

통하는 넓은 암대(岩臺)에서 각 부락의 좌장(座長)회의를 소집했다. 섬이 생긴 이래 최대의 위기를 당해서, 좌장들은 실력으로 일본인 측량반들을 축출하자고 결의했다.

그들은 양의 피를 탄 소주를 나누어 마시고 혈맹(血盟)을 굳혔다. 이른바 보길도 전쟁이라는, 섬의 주민들이 측량반과 경찰대를 상대로 한 전쟁 상태는 이렇게 '마당바위'의 집회에서 의결되었던 것이다.

그런가 하면 전북 장수군 장수면 대성리의 '너벙바위'는 부락형(部落刑)을 언도하는 법정이었다. 언젠가, 맥주 원료인 호프를 이 일대에서 시험재배할 때 그 농장 관리인의 행실이 좋지 않았다. 온갖 추문으로 부락의 순풍(淳風)을 해치자 사람들은 추방을 의결했다. 이때 부락의 장로는 그곳 '너벙바위'에다 피고인을 세워 놓고 추방령을 선고했던 것이다.

화려한 삼국의 궁궐

한국적 '아고라'의 풍습은 이 밖에도 허다한 지방에서 구전되고 있었다. 마라도에서는 그 마을 둔덕에 있는 '평바위'에서 의결을 해야만 효력이 발생하는 것으로 간주되었다. 강원도 횡성의 영랑대(永郎臺)는 외환(外患)을 당해서 젊은이들이 서천 결의(誓天結義)하는 곳이었다.

또 3·1운동 때 부락민들이 올라가서 만세를 불렀다는 양주 수락산(水落山) 북쪽 두메의 '만세바위'도 마라도의 평바위처럼 효력이 보장되어 있음은 물론이다.

이러한 풍습은 대궐 이전의 원시 부족사회의 정사 방식이었음이 분명하다. 신라의 4대 영지나 백제의 정사암은 그러한 풍습이 왕권이 확립된 후에도 강구하게 국가적인 규모로 실천되었음을 증명해 주는 것이다. 그렇다면 그 무렵의 궁궐은 행정적인 기능보다는 국왕의 거소라는 비중이 후세에 비해서 컸던 것이 아닐까? 그 궁궐이 삼국·고려시대에는 평지가 아니라 구릉 위에 건축되었다. 또 남면이치(南面而治)라지만 대궐이 남향한 것은 조선 이후요, 고려시대에는 동향이었다.

그럼 현존하는 대궐의 건물로써 이것을 설명해 보자. 경복궁의 근정전, 창덕궁의 인정전, 덕수궁의 중화전도 하나같이 남향이다. 즉 조선시대에 지어진 궁궐과 같은 양식이다.

그런데 창경궁의 명정전(明政殿) 하나가 동향으로 조선시대의 상례에서 벗어나고 있다. 아니나다를까, 창경궁 정문을 들어서면 보이는 명정전은 《육전조례(六典條例)》 및 《궁궐지(宮闕志)》에 의하면 고려대의 건축이라고 세칭되고 있었다. 임란의 병화를 기적적으로 면한 채 명정전의 일부는 고려대의 건축이 그대로 잔존했을 것이라는 설이다.

그런데 고구려의 특권계급은 중국인도 ‘호치궁실(好治宮室)’이라고 평할 만큼 퍽이나 건축을 좋아했다. 신라는 헌강왕(憲康王) 무렵에는 성중에 초가집이라곤 없었고 밥도 숯으로만 지어 먹었다고 한다. 그뿐 아니라 백제에는 개로왕(蓋鹵王)의 비극이 있지 않았던가? 고구려 장수왕(長壽王)의 간첩인 도림(道琳)은 백제에 들어가 살면서 바둑으로 왕의 신임을 얻었다. 그리고 궁실과 누각, 사성(蛇城) 같은 커다란 공사를 일으키게 하였다. 국력이 피폐하자 장수왕은 정병을 거느리고 백제를 공격했다. 개로왕은 대패하여 달아나다 고구려인에게 피살되고 말았던 것이다.

이러한 얘기들은 고려 이전 삼국시대의 궁궐들이 결코 작은 규모가 아니었음을 설명해 주는 좋은 자료인 것이다. 아닌게아니라 학자들은 고구려의 유지(遺址)에서 발견되는 초석(礎石)과 와당(瓦當)으로써 그 시절 건축의 웅장함을 말하고 있다.

또 안압지와 포석정의 호사한 환락! 성곽은 삼국이 각축하던 무렵에 특히 발달했다. 궁궐은 신라 통일 후에 급속히 화사해지면서 포석정 곡수(曲水)의 놀이를 빚은 것이다.

그럼 삼국시대의 성곽과 궁궐을 더듬어 보자. 성곽은 크게 산성(山城)과 평성(平城:일명 枰城), 국경성(國境城)으로 분류된다. 그 중 산성은 도시 부근의 험준한 산 위에 쌓은 것으로 평시에는 사용하지 않는다. 병기·군량·연료·음료수 등을 설비해 둔 채 전시에만 들어가서 적과 싸운다. 그 재료는 다른 두 가지도 대동소이하지만, 토성(土城)·석성(石城)·토석잡축(土石雜築)과 더러는 목책(木柵)도 등장한다. 또 형태적으로는 반월성(半月城)·옹성(甕城)·장성(長城) 등으로 구별할 수 있는 것이다.

평지성(平地城)은 도성(都城)이며 읍성(邑城) 등으로 평지에 거주하는 곳이다. 평지성이라지만 앞서도 잠깐 언급했듯이 대개는 구릉 위에 축조된다.

이것이 처음에는 왕궁 혹은 관촌을 포함한 왕성(王城:일명 재성(在城))뿐이었지만, 삼국시대 후기에는 시민 부락까지를 포함해서 나성(羅城), 즉 외성(外城)을 두르게 되었다. 때문에 ≪양서(梁書)≫ 신라전(新羅傳)에는 그 국속(國俗)이 성을 건모라(建牟羅)라 부른다고 했다는데, '큰 모르·큰몰[大村]'을 사음(寫晉)한 것이라고 해석되고 있다. 고구려의 평양성, 백제의 사비성(泗沘城), 신라의 금성(金城)이 하나같이 나성 안에 시민부락과 왕성이 있는, 즉 큰 마을이자 이중(二重)의 성이었다.

고려는 태조가 만월대(滿月臺)를 쌓을 때 둘레 2천 6백 간의 황성(皇城), 즉 대궐 담은 있었다. 그러나 성 밖의 시민부락과 관아를 포함한 나성은 없었다. 현종(顯宗) 초기에 나성을 축조하자는 논의가 있었지만 외환으로 실현되지 못했다.

그후 강감찬이 주청하여 현종 20년에 완공된 개경(開京)의 나성은 둘레 2만9천7백 보, 높이 27척에 두께 12척이다. 대문 4, 중문 8, 소문이 13, 연인원 30여 만이 동원됐는데, 그 안에 5부(部) 35방(坊) 343동(洞)으로 갈라진 시민부락이 있었다.

반월성과 만월대의 지상(地相)

반월(半月)은 성하고 만월(滿月)은 쇠하는 것으로 생각했다. 때문에 반월성은 신라·백제·고구려에도 있었다. 고구려 보장왕(寶藏王) 무렵에 어느 술사(術士)가 반월은 만월에 비해서 흠결(欠缺)이 있다고 주장했다. 오직 만월성이라야만 국운이 융성한다고 해서 국왕은 그 말대로 했다.

신라며 백제의 반월성을 만월로써 제압하자는 것이었다. 그렇지만 만월의 장래는 다만 이지러질 뿐이다. 고구려가 얼마 후 멸망하자 이는 전적으로 만월성이란 이름에 죄가 있다고 여겨졌다.

그런가 하면 고려 의종(毅宗) 무렵에는 태사감후(太史監候)인 유원도(劉元度)가 백주 토산(白州 兎山)의 반월강(崗)은 국가 중흥의 길지라 궁궐을 짓기만 하면 7년 안에 북방이 병탄된다고 상주했다..

의종은 그래서 별궁을 그곳에 지어 중흥궐(重興闕) 대화전(大化殿)이라 이름하고 친행하여 하례(賀禮)를 받았다. 그 순간 천지가 암흑으로 변하면서 수목을 뿌리뽑는 폭풍! 의심이 생겨서 국왕은 풍수서를 조사하게 하였다. 그러자 ≪도선비기(道詵秘記)≫에는 거기에 궁궐을 지으면 위망(危亡)의 환이 있으리라고 기록되어 있었던 것이다.

이러한 풍수설에 의해서 고려에는 국업(國業)을 연장하는 곳으로 지목된 여러 명당이 있었다. 서강 병악(西

江餠岳) 남쪽은 소위 '군자어마(君子御馬)'의 명당인데, 왕건(王建)이 삼국을 통일한 지 1백20년에 건축을 하면 국업이 연장된다는 곳이다. 그래서 문종(文宗)은 왕건 태조가 통일을 이룬 936년(태조 19년)부터 1백20년 후 즉 문종 10년인 1056년에 장원정(長源亭)을 건축했다. 도선(道詵)의 명당기(明堂記)가 말한 바 국업의 연장이 목적이었음은 두말할 필요도 없는 것이다.

그런가 하면 지금 서울인 남경(南京), 강화의 삼랑성(三郎城)과 신니동(神泥洞)도 같은 이유로 명당이다. 또 평양의 임원역(林元驛)은 묘청(妙淸)이 점친 바 '대화세(大花勢)'의 명당으로 36국이 복공(服貢)한다는 곳이다. 천하를 병탄한다는 바람에 인종(仁宗)은 그곳 '대화세'의 명당에다 신궁(新宮)을 건립했다.

국조(國祚) 8백 년이 연장된다는 바람에 고종은 남경이궁(南京離宮)을 세우고 친히 거하는 대신 어의(御衣)를 봉안했다. 그뿐 아니라 고종은 강화의 삼랑성과 신니동에도 가궐(假闕)을 건축했다. 또 공민왕(恭愍王)은 36국이 조공한다는 중 보우(普愚)의 설에 의해서 한양에 궁궐을 지었던 것이다.

이러한 현상은 신라가 국운을 왕성하게 하기 위해서 사탑(寺塔)을 건축하던 것과 비슷한 풍습이다. 예를 들면 황룡사(皇龍寺) 9층탑은 선덕여왕이 외환을 제압하기 위해서 건립했다는 사탑이다. 그 제1층은 일본, 2층은 중화(中華), 3층은 오월(吳越), 4층은 탁라(托羅), 5층은 응유(鷹遊), 6층은 말갈(靺鞨), 7층은 단국(丹

國), 8층은 여적(女狄), 9층은 예맥(穢貊)의 환을 제압하기 위해서 건립한 것이라고 ≪삼국유사≫가 전하고 있다. 또 이 탑을 건립함으로써 삼국이 통일되었다고 하는 것은 항간의 신앙이자 전설인 것이다.

이리하여 도선은 소위 산수의 순역(順逆)을 보면서 절 지을 자리를 고르고 다녔다. 그런데 도선의 이같은 행적에는 재미있는 이야기가 전해지고 있다. 도선이 당나라에서 풍수를 배울 때 하루는 스승에게 한반도의 지도를 보였다. 그러자 스승은 말했다.

"산수의 형세가 이렇다면 고려국은 영원히 전장(戰場)일세. 사람의 몸에 병환이 있는 것처럼 산천이 병을 앓기 때문이다. 병든 사람은 혈맥이 통하는 곳에 침이나 뜸을 떠서 고치지 않는가? 마찬가지로 병든 산천은 비보(裨補)할 곳에 비보해야만 국운이 바로 되네. 자, 내가 산천의 혈맥을 찾아서 점을 찍을 테니 돌아가거든 절을 짓고 탑을 세우게! 마치 사람의 혈맥을 찾아서 뜸을 뜨듯이 말이야."

점이 찍혀진 곳은 3천8백 군데였다. 도선은 그 지도를 보면서 절과 탑을 세울 곳을 정하고 다녔다.

그런데 도선은 미처 3천8백을 채우지 못한 채 5백개의 사찰만을 창건하고 말았다. 그렇기 때문에 고려의 사직은 겨우 5백 년으로 무너지고 말았다는 것이다.

이리하여 비보의 관념은 명당의 관념과 함께 지난날의 사회를 지배하였다. 그렇기 때문에 병악(餠岳) 남쪽 군자어마(君子御馬)의 명당에 세워진 장원정(長源亭)

도, 대화세의 자리에 건립된 신궁도 각도를 바꿔서 본
다면 비보다. 즉, 명당에 건축함으로써 국운이 성한 것
이 아니라, 지기(地氣)의 결함을 보완함으로써 국운의
왕성을 노린 것이다. 그런데 이러한 비보가 송도(松都)
의 대궐이라면 더 흥미로운 형식으로 실행되고 있었던
것이다.

즉, 개성의 만월대는 그 지세가 소위 '노서하전형(老
鼠下田形)'이라고 말해지고 있었다. 늙은 쥐가 밭으로
내려간다는, 따라서 부귀안락하고 자손이 번창할 명당
인데, 동남방 자남산(子南山)이 늙은 쥐의 새끼 형상을
이루고 있다는 것이다.

새끼쥐가 위협을 받거나 어디로 가면 어미인 늙은 쥐
가 안심을 못한다. 늙은 쥐가 안심할 수 없다는 것은
만월궁(滿月宮)과 그 도성(都城)이 평온할 수 없다는
것이다. 대궐과 도성이 오래도록 평안하자면 늙은 쥐가
오래도록 안거(安居)해야 한다. 그러자면 자남산의 새
끼쥐를 움직이게 해서는 안 된다는 것이었다.

이리하여 고려의 도성에는 소위 '오수부동격(五獸不
動格)'이라는 비보의 방법이 강구되었다. 도대체 '자남
산'이란 이름부터가 쥐(간지(干支)의 子)를 뜻하는 것
인데, 그 산을 중심으로 고양이와 개, 범과 코끼리의 네
유형을 배치했던 것이다.

이렇게 되면 쥐는 고양이가 노리기 때문에 움직이지
못한다. 고양이는 개가, 개는 호랑이가, 호랑이는 코끼
리가 노려서 움직일 수 없고, 코끼리는 쥐가 제압해서

움직이지 못한다. 어느 한 짐승도 움직일 수 없어서 세력의 균형이 유지되는, 이것이 이른바 '5수부동격'이라는 비보의 방법이다. 그리고 이런 상태라면 자남산의 새끼쥐는 하등의 위험도 없고 어디로 달아날 수도 없다는 것이다.

그렇지만 만월대는 지금 폐허이고 자남산 주변 네 짐승의 유형도 흔적이 없다. 개성 시내에 묘정(猫井)·구암(狗岩)·호천(虎泉)·상암(象岩)이란 이름이 있는데, 자남산과 함께 고려가 비보한 흔적이다.

일인이 감탄한 옛 경복궁

일찍이 비류(沸流)와 온조(溫祚)는 부아악(負兒嶽: 북한산)에 올라가 국도를 물색했다. 그후 북한산(지금 서울)은 백제 중엽 1백 년의 왕성이었고 고구려 평원왕(平原王)도 한때는 여기에 도읍하였다.

고려에는 이곳이 이른바 삼경(三京)의 하나였다. 15대 숙종(肅宗) 무렵에는 천도설까지 있었는데, 이를 발설한 김위제(金謂磾)의 상소는 다음과 같았다.

'도선기(道詵記)에 의하면 고려에 3경이 있다. 송악(松嶽:개성)이 중경(中京)이요, 목멱양(木覓壤:서울)이 남경이며, 평양은 서경이다. 11월~2월에는 중경에, 3월~6월에는 남경에, 7월~10월에는 서경에 거한다면 36국이 내조(來朝)할 것이다. 또 개국 후 164년에는 목멱양에 도읍한다고 했는데, 신이 생각컨대 지금이 그 시기인 것이다. 그런데 지금 국가는 중경과 서경뿐, 남경을 결(缺)하고 있다. 삼각산 남쪽 목멱(남산)의 북(北)에 도성을 건립하고 때로 순유(巡遊)하심을 복망한다.'

이리하여 숙종은 남경설치도감을 두고 공사를 착수했다.(남경은 지금 서울의 그 무렵의 칭호다) 이때 최사추(崔思諏) 등은 삼각산 면악(面嶽:北岳山) 이남을 상(相)하여 지세가 고서(古書)에 부합한다고 했는데, 아마도 청와대 부근일 것이다. 임좌병향(壬坐丙向), 즉 북북동에서 남남서로 건도(建都)해야 한다고 한 그 궁지(宮址)는 훗날 정도전이 협애(狹隘)하다고 해서 배척한 채 한층 남쪽으로 상(相)하게 되었다.

남경이궁은 그로부터 몇 번인가 자리를 옮겼다. 또 고려의 역대 임금은 때로 순행도 했고 때로는 어의(御衣)도 봉안했다. 한양에 왕기가 있다는 《도선비기》의 기록(=繼王者李而都於漢陽) 때문에 고려는 이 일대에 다 오얏나무를 심었다.

이성(李姓)을 택해서 윤(尹:시장)으로 삼고 오얏나무가 번성하기만 하면 잘라 버렸다. 또, 용봉장(龍鳳帳)도 묻었는데, 왕이 될 이씨를 압승하자는 비방이었다.

그후 송도 수창궁(壽昌宮)에서 즉위한 이성계는 한양으로 도읍을 옮기고 경복궁 공사를 벌였다. 제3대 태종은 창덕궁을 건립했는데, 상왕이 되자 수강궁(壽康宮)을 신축하고 이거(移居)했다. 이 수강궁 자리에 제9대 성종은 창경궁을 건립했다. 이리하여 임란 이전의 궁궐은 일인의 견문기에 의하면 다음과 같았다.

'고려의 왕성은 형세 장관(壯觀)하여 이목에 놀라웠다. 동을 흐르는 여강(儷江), 남을 두르는 한강, 서에 있는 것은 서강이다. 남산·북산·삼각산이 3방에 솟아 있다. 이 3산의 복판 고령 심곡을 가리지 않고 석축(石築)을 한 것이 40여 리, 그 안이 낙중(洛中)이다. 북산 아래 남면(南面)하여 금영(禁營)을 세우고 돌을 깎아서 4벽으로 삼았다. 5보(步)에 1루(樓), 10보에 1각(閣), 정면에는 석련화(石蓮花)를 조각해서 난간의 기둥을 삼고 다리 좌우에 석사자(石獅子) 네 마리, 그 중앙 돌을 포개어서 돈대로 하였다. 네 모서리에 석사자 16필을 두었다. 그 돈대 위에 자진(紫宸)·청량(清凉) 두 전(殿)이 섰는데, 돌기둥 4면에 상하의 용을 조각하고 전단(栴檀)으로 추녀를 삼고 끝마다 풍령(風鈴) 하나를 달았다. 화동(畵棟)·주렴(珠簾)은 금은을 뿌려 새기고 주옥을 꿰었으며, 천장과 4벽은 5색 8채(彩)로써 기린·봉황·공작·난학(鸞鶴)과 용호를 그렸다. 자진전 돌계단에는 중앙에 석봉황(石鳳凰), 좌우에 석단학(石丹鶴)이 있었다.'(〈肥前舊記〉:임란 무렵의 기록이며 경성부사에서 전기(轉記)했다)

임란이 일어나자 이 화려한 궁궐이 삽시간에 재가 되고 말았다. 선조는 환도하여 정동 월산대군(月山大君) 집으로 행궁(行宮)을, 계림군(桂林君) 댁을 대내(大內), 심의겸(沈義謙)의 집은 동궁(東宮), 심연원(沈連源)의 집은 종묘(宗廟)로 삼았다. 이 행궁에는 돌담도 목책도 없었다. 2~3년 후에 문을 동서남북에 세우고

목책을 둘렀는데 엉성하고 허술하기 짝이 없었다. 그래
도 몇 해를 살다 담장을 두르자 간신히 대궐 같은 형용
이 됐던 것이다.

조선 5궁(五宮)과 그 전설

14대 선조는 1593년에 환도했다. 행궁에 살면서 15
년 만인 1608년에 종묘를 재건했다. 그때 대내인 계림
군 댁 옆에는, 한혜(韓蕙)의 집을 비변사에서 쓰고 있
었다. 대내가 좁아서 비변사를 쫓아내면서도 대궐은 고
사하고 종묘 하나도 중건이 어려울 만큼 난후의 핍박은
심각하였다.

15대 광해군은 1608년에 즉위했다. 허다한 토목공
사를 일으켜서 1610년에는 사학(四學)을 재건했다.
1611년에는 창덕궁을 낙성하고 환도한 지 18년 만에
행궁에서 이어(移御)했다. 그리고 1616년에는 창경궁
을 중수했으며, 또 경덕궁(속칭 새문안 대궐)·인경궁
(仁慶宮)·자수궁(慈壽宮)을 창건했던 것이다.

그것을 위해 광해군은 탐학을 저질렀다. 인경·자수
·경희궁을 지을 때 광해는 인왕산 밑 수천 호의 민가
를 허물고 그 재목을 강탈했다. 또 목재·초석(礎石)·
시탄(柴炭)·하철(煆鐵) 등을 바치는 자에게는 관작(官
爵)을 주었기 때문에 소위 '오행당상(五行堂上)'이라는
말까지도 생겼다(水火金木土를 바치고 당상관을 샀다고
해서). 양주(楊州)의 한 총각은 전답과 정3품 통정(通

政)을 바꿔서 도령주첨지(都令主僉知), 진해의 한 처녀는 면포(綿布)로 숙부인(淑夫人) 첩지를 사서 아기씨부인(阿只氏夫人)이라는 유머러스한 이름이 붙었다(숙부인은 정3품 문무관 부인, 즉 시집간 여자만이 받는 작호다. 아기씨부인은 말하자면 '처녀부인'이다). 그러나 광해의 노작(勞作)도 경덕궁·창덕궁만을 남긴 채 인경·자수궁은 16대 인조가 헐어 버리고 말았던 것이다.

이리하여 조선 5궁(五宮)이라면 경복·창덕·창경·덕수·경희궁(경덕궁)이었다. 정궁(正宮)인 경복궁은 임란 후 대원군이 중건할 때까지 273년을 폐허로 있었다. 별궁인 창덕궁은 속칭 동관대궐이자 외인(外人)들은 황후궁(皇后宮)이라고 불렀다. 이의 부속물이던 창경궁은 옛날 수강궁 자리다. 덕수궁은 월산대군의 사저로 임란 후의 행궁인데 옛 이름은 경운궁(慶運宮), 고종이 중건하고 덕수궁이라 했다. 세문안 대궐이자 경희궁은 일제가 헐어 버렸다. 7궁(七宮)은 서출인 임금들이 사친(私親)을 봉사(奉祀)하는 사당이다.

그럼 그들 대궐에 얽힌 전설로써 마무리를 장식하자. 왕십리는 태조가 궁터를 찾을 때 한 노파가 10리를 더 가라고 했다는 데서 생겼다는 지명이다. 그런데 노파는 방향은 말하지 않았다. 서북으로 10리를 갔기 때문에 조선은 5백 년 밖에 지탱하지 못했다. 동북으로 10리를 갔다면 1천 년 왕업의 땅을 얻었을 것이라는 전설이 있다.

이리하여 경복궁의 좌향을 정할 때 무학(無學)은 인

왕산을 진산(鎭山), 북악과 남산을 청룡·백호로 하는 유좌묘향(酉坐卯向:正東向)을 주장했다. 그런데 정도전(鄭道傳)은 군주란 남면(南面)해서 정사한다는 이유로 임좌병향(壬坐丙向:南南東向)을 주장했다. 좌향이 남남서로 정해지자 무학은 2백 년 이내에 후회할 일이 있으리라고 하면서 의상대사(義湘大師)의 ≪산수비기(山水秘記)≫를 지적했다.

즉, 선도(選都)하는 자가 승(僧)의 말을 안 듣고 정성(鄭姓)의 말을 들으면 5세(世) 미만에 찬역의 화가 생기고 2백 년 내외에 외환이 발생한다는 구절을……. 아닌게아니라 조선은 3대 태종의 골육상쟁과 7대 세조의 찬위(簒位)가 있었고, 또 개국한 지 꼭 2백 년 되던 해에 임란이 있었던 것이다.

그런데 경복궁 주초를 세울 때 기둥만 세우면 쓰러지곤 해서 무학은 쩔쩔매고 있었다. 그때 한 농부가 밭을 갈다 문득 말하는 것이었다.

"이랴, 이놈의 소! 미련한 꼴이라니 꼭 무학이로구나!"

무학이 공손하게 묻자 농부는 산세를 가리키면서 말했다. 한양은 학이 날개를 편 형상이요 궁터는 그 등에 해당하는 곳이다. 따라서 학의 날개를 누른 후에 기둥을 박아야만 쓰러지지 않는다. 무학이 대궐 담을 쌓은 후에 기둥을 세우자 쓰러지는 변은 없었다는 전설이다. 이 대궐은 둘레 9천9백75보(步)의 나성(羅城: 外城)이 8개의 문을 가지고 있었다. 그 중 숭례문(남대문)의 현판만이 종서(縱書)인데 숭례 두 자를 종서함으로써 충천하는 불을 상징한 것이다. 광화문 앞 관악(冠岳)을 노리는 해태처럼, 남쪽 관악의 화기(火氣)를 제압하는 비보(裨補)다.

또 동대문 하나가 넉 자 흥인지문(興仁之門)인 것도 동방의 허(虛)한 지기(地氣)를 위한 보허(補虛), 명당과 비보의 관념은 조선시대의 대궐에도 이토록 뿌리깊게 작용하였다.

7. 장법(葬法)의 괴기와 해학

발가락이 닮았다는 발복(發福)

옛날 어느 고을에 가난한 모자가 살았다. 어머니가 사망했지만 총각은 산소 하나도 가려서 쓸 만한 형세가 되지 못했다.

남들은 명당을 골라서 발복을 한다는데……. 그러자 총각이 사는 부근에 때마침 새로 산역(山役)이 있었다. 서울의 대신(大臣)이 야단스럽게 묻히는 것이 필시 명당일 것이다. 그래서 총각은 새로 된 봉분을 뜯고 어머니를 암장했던 것이다.

이런 것을 소위 투장(偸葬)이라고 말했다. 법이 '각별히 통금(通禁)' 해서 '범한 자는 여염집에 탈입(奪入)한 율(律)로써 논죄한다'고 ≪경국대전≫이 규정하고 있었다. 그러니까 감쪽같이 암장은 했지만 총각은 고민이 생길 수밖에 없었다. 제삿날이 돌아와도 총각은 산소에 터놓고 절을 할 수가 없었던 것이다.

생각다 못해서 총각은 추석이라면 하루 전날인 14일 밤에 몰래 무덤에 참배했다. 이튿날 성묘를 내려온 대신의 아들은 누군가 성묘를 하고 간 흔적을 보고 의아하게 생각했다. 번번이 그 노릇이 반복되자 숨어서 곡

절을 살필밖에. 총각은 무덤에 참배하다 마침내는 덜미를 잡히고 말았던 것이다.

"이놈! 웬 놈이 남의 산소에 와서 절을 하느냐?"

하고 대신의 아들이 호령을 했다. 그럼 목이 달아날 판인데 거짓말을 안 할까?

"남이라뇨? 제 아버님 산소라 절을 했습니다."

"무엇이? 네놈의 아버지라고?"

"그렇습니다. 돌아가신 대감께서 외직(外職)에 계실 때 제 어머니를 가까이 해서 제가 났습니다. 어머니가 임종에 간곡한 유언으로 저도 곡절을 알았습니다. 저는 감히 자식이라고 나서지는 못했지만, 도리어 성묘만은 걸르지 못했습니다."

하기야 아버지란 말에도 터무니 없다고만은 못한다. 한 무덤에 합장을 했으니 영혼이지만 부부가 됐다는 격일까? 그렇다면 촌수도 부부간이랄 것이, 총각은 대신의 사후의 아내가 데리고 들어온 의붓자식이다.

그야 어쨌든 대신의 아들은 엉뚱하게 나타난 혈육을 거느리고 상경했다. 그런데 정경부인도 그 일만은 도대체 판별이 안 가는 것이었다.

"닮은 곳은 없는데…… 그렇지만 나 모르게 그런 일이 있었는지 알겠니?"

그래서 정경부인은 총각을 방 하나에 수용하고 거동을 살피기로 작정했다. 대감의 혈육이라면 어디가 닮아도 닮았겠지. 그런데 총각은 죄 지은 몸이라 겁이 앞서서 갈증이 심했다. 연방 물을 찾아서 들이키자 숨어서 살피던 정경부인이 아들에게 수근거렸다.

"저놈이 대감의 혈육인 것은 분명해! 저 물을 켜대는 거동을 보라구! 네 아버님도 찬물 하나는 잘 자시더라니!"

'발가락이 닮았다'는 식이다. 총각은 훔쳐 쓴 명당의 발복 탓인지 팔자가 늘어졌다는 것이 산소에 얽힌 항담(巷談)이다.

암장·금장(禁葬)과 산송사(山訟事)

암장은 신라에도 있던 풍속이다. 원광대사(圓光大師)가 묻히자 그 무덤에 죽은 아이를 암장한 자가 있었다고 ≪삼국유사≫(권4 圓光西學)는 전하고 있다.

이러한 사례는 유복한 이의 무덤에 암장하면 자손이 단절되지 않는다는 속신(俗信)으로 인해서였다. 즉, 자손을 번성하게 하기 위해서 신라인은 덕있는 사람의 무덤에 암장을 했던 것이다. 풍수설이 발달하면서 암장은 명당·길지의 발복을 노리고 성행하였다. 묘지 규칙이 발포되자 공동묘지를 꺼려서 사유지에 암장하는 풍습이 1920년대에 성행하였다. 그렇게 암장하는 방법은 대체로   평장(平葬:平土葬)·의장(擬葬)·공장(空葬)으로 가를 수 있다. 평장은 남의 산에 묘를 쓴 자가 봉분을 하면 들통이 나니까 평지처럼 해두는 것이다. 의장은 미리 봉분을 해둔 빈 무덤에 몇 달 혹은 몇 해 후에 관을 묻는 것이고, 공장이라면 좀더 지능적인 방법이다. 허가된 공동묘지에는 빈 관을 묻고 진짜는 다른 명당·

길지에다 묻는 방법이다.

이런 것은 풍수설이 말하는 명당·길지의 발복을 바라고, 혹은 법이 허락지 않은 개인의 욕망을 위해서 감행되는 경우가 태반이었다. 즉 금장의 풍습과 제도가 있었기 때문에 반대로 암장이라는 현상이 성행했던 것이다. 그럼 금장의 제도와 풍습을 살펴보자. '경성의 저변(底邊) 10리 안과 인가의 백 보 내'에는 장사를 못했다. 타인의 분묘는 물론 '청룡·백호 안의 양산처(養山處)'에도 타인의 입장(入葬)은 금지되었다(양산처란 분묘의 권위를 위해서 일정한 경내에 양림(養林)을 한 곳이다《경국대전》).

그뿐 아니라 '능침(陵寢)의 화소(火巢), 외안(外案), 금표(禁標) 이내', '대촌(大村) 안'과 '타인의 분산(墳山)이 지근(至近)한 지역', '향교(鄕校)의 안산(案山)'이거나 이것이 '망견(望見)되는 곳'에도 산소는 쓸 수 없었다. 신분에 따라서 주택의 면적이 제한되었듯이 계급은 죽은 후의 음택(陰宅)에까지도 따라다녔다. 묘역은 종친이면 1품이 4면 1백 보, 차례로 10보가 체감되어서 6품이면 60보인데, 그 안은 목축과 경작마저도 금지되었다(문무관은 종친보다 10보씩 체감되어 6품이 40보, 7품 이하 생원·진사·음관(蔭官)의 자제는 6품과 동일한 40보다).

이상의 제도적인 금장에 대해서 관례적인 터부가 있었다. 즉, 풍수설이나 기타 길흉 화복이라는 견지에서 입장(入葬)이 금지된 지역이다. 충남 서산읍의 옥녀봉

(玉女峰)은 산신인 옥녀가 노하기 때문에 산소를 못 쓰는 곳이다. 또 경남 밀양군 군북면의 종남산(終南山)은 가뭄을 초래한다고 해서 역시 금장하는 지역이었다.

이러한 터부를 범하고 투장(偸葬)을 할 때 법은 일정한 제재를 가하고 있었다. 능역(陵域)에 침장(侵葬)한 자는 사형(≪경국대전≫)이요, 성변(城邊) 10리에 투장한 자는 징역 3년(≪형법대전≫)이다. 임자 있는 산이나 인가 부근에 투장하면 이른바 산송(山訟)이 일어나서 산주는 관에 고하여 계문(啓聞)한 후에 관에서 파옮겼다(≪경국대전≫). 또 전술한 바 옥녀봉의 경우처럼 부락의 금기를 깨고 암장을 하면 부락민이 총출동해서 파헤쳐 버리곤 했던 것이다.

이리하여 산소 싸움이 때로는 피를 부르는 전쟁 상태를 초래하기도 하였다. 가령 경북 금릉군 남면에는 옥산동(玉山洞) 뒷산에 묘를 쓰면 음료수가 변질한다는 구전(口傳)이 있다. 선산(善山)의 이용하(李容夏)란 사람이 망부의 산소를 쓰려고 하자, 부락민 수십 명이 장구(葬具)를 파괴한 끝에 상주에게 상해를 입혔다(1920년). 또 충북 괴산군에서는 사리면의 노송리(老松里)·소매리(笑梅里)의 2개 부락 1백 명이 괭이·삽·몽둥이를 들고 음성군 원남면 마송리를 습격한 적이 있었다. 백마산(白馬山)에 암장을 했기 때문에 가뭄이 들었다면서 어서 속히 이장하라는 것이었다(1927).

신라의 기발한 장묘법(葬墓法)

금하면 금할수록 묻겠다는 욕심도 강렬하였다. 세력 있는 자들은 세력을 이용해서 명당·길지를 늑탈했는데 이것이 늑장(勒葬)이다. 그러고도 여의치 않으면 유골의 한 조각이나 모발·치아 등을 흔적 없이 묻음으로써 진혈(眞穴)의 발복을 노리곤 했다.

유체(遺體)가 아니라 유체의 일부라도 충분히 지기(地氣)를 탄다는 생각이었다. 이러한 관념에서인지, 상대(上代)에는 소지품장(所持品葬)이라는 기발한 매장 방식이 있었다. 신라 진평왕(眞平王) 무렵의 신승(神僧)인 석혜숙(釋惠宿)이 죽어서 부락민이 이현(耳峴) 동쪽에 묘를 썼다. 그때 서쪽에서 오던 한 사람이 방금 석혜숙을 만나고 오는 길이라고 말했다. 이상히 여긴 부락민들이 관을 헤치고 보자 유체는 간 데가 없고 짚신 한 짝, 부락민들은 석혜숙의 도력(道力)을 추모하여 짚신을 묻고 부도(浮圖)를 세웠다(≪삼국유사≫ 권4).

그런가 하면 고구려 동명왕도 승천하여 돌아오지 않았기 때문에 유품인 옥편(玉鞭)을 묻었다고 전해지고 있다(≪증보문헌비고(增補文獻備考)≫).

이러한 풍습의 계승인지 조선에는 시총(詩塚)이라는 기발한 매장 형식이 있었다. 임란 때 정의번(鄭宜藩)이 전사하여 유해를 찾지 못하자 사람들은 정의번이 지은 시(詩)로써 무덤을 만들고 부인 신씨(辛氏)를 합장했다. 시란 지은이의 전인격이기 때문에 유체로 간주할 수 있다는 이론이었다.

그뿐 아니라 기발하기로는 신라시대의 소장(塑葬)도 마찬가지다. 원효가 입적하자 설총은 원효의 유골을 바수어 진용(眞容)을 만들어서 분황사(芬皇寺)에 안치했다(≪삼국유사≫ 권4). 또 탈해왕이 죽어서 소천구(疏川丘) 안에 묻히자 하루는 신탁(神託)이 있었다. 그 신탁에 의해서 탈해의 유골은 파쇄(破碎)되어 소상(塑像)으로 만들어져서 동악신(東岳神)으로 섬겨지게 됐던 것이다(≪삼국유사≫ 권1:일설에 의하면 27대 문무왕 20년인 조로(調露) 2년(680년) 3월 15일 밤에 탈해가 태종에게 현몽하여 말했다고 한다. 내 골을 소천구(疏川丘)에서 거두어 소상으로 하라. 그렇다면 탈해는 죽은 지 6백 년 만에, 장사지낸 골을 거두어 소장했다는 결론이다).

이리하여 상고에는 현대에 전해지는 고분에서도 알 수 있듯이 특이한 각종 장법이 있었다. 즉, 석장법(石藏法)이니 석중장골(石中藏骨)이니 하는 방식이 우선하다. 대덕자장율사(大德慈藏律師)가 입적하자 유골은 석혈(石穴) 속에 안치되었다. 또 진표율사(眞表律師)의 유골은 통에 담겨져서 대암상(大巖上) 쌍수하(雙樹下)에 돌을 세우고 안치했다. 고승(高僧)의 전인격인 유골을 영구 보존함으로써 음공(蔭功)을 바랐으나 그것은 원시신앙의 남겨진 흔적일지도 모른다. 미개했을 때 인류는 죽은 자의 영혼이 뼈에서 화생(化生)한다고 믿었다. 그 마력이 두려워서 뼈는 단지 속에, 석혈 속에도 감금되었고, 돌무덤 속에도 묻혔다.

그러니까 신라 문무왕릉(文武王陵)만 하더라도 당시의 그와 같은 신앙을 웅변으로 설명하는 것이었다.

'대왕이 나라를 다스린 지 21년, 영륭(永隆) 2년 신사(辛巳)로서 붕(崩)하자 유조(遺詔)로써 동해 속 큰 바위 위에 묻혔다. 왕이 평시에 지의법사(智義法師)에게 늘 말씀하시기를, 짐이 사후에 호국대룡(護國大龍)이 되어 불법을 숭봉(崇奉)하며 방가(邦家)를 수호하기 원하노라.'(≪삼국유사≫ 권2) 즉, 문무왕은 사후의 유골이 용으로 화생할 수 있다고 믿었다. 또 그 용은 불법을 숭봉하며 국가를 수호하는 힘을 지닌 것이라고 신앙했다. 그렇기 때문에 문무왕은 유조로써 동해바다 큰 바위 속에 석장(石葬)되기를 희망했던 것이다.

이리하여 신라 진평왕 무렵에 김후직(金后稷)은 길섶에 묻히기를 희망했다. 즉, 노방장(路傍葬)이라고 불려지는 장분(葬墳) 형식이다. 진평왕이 누차의 간언에도 불구하고 즐기는 전렵(田獵)에만 정신이 없었다. 김후직은 죽어서라도 왕을 간해야겠다는 일념에서 왕이 사냥다니는 길섶에 묻혔다. 왕이 전렵을 가는데 길섶에서 만류하는 소리가 들렸기 때문에 왕은 사냥을 끊어 버렸다고 전해지고 있다(≪東國輿地勝覽≫).

사자(死者)들의 결혼과 노장(路葬)

1928년 8월 8일에 경남 통영에서 색다른 결혼식이

있었다. 신랑은 투신자살자 김문석(金文錫) 26세, 신부는 병사(病死)한 여학생 방성녀(方姓女) 19세다. 이 결혼식은 당사자가 사망인일 뿐 패물·납채(納采) 등 일체의 격식이 통상과 다르지 않았다. 이렇게 하지 않으면 미혼으로 죽은 그들이 천당에 못 간다는, 즉 현대에 남겨진 원시의 그늘인 것이다.

이렇게 처녀의 시체를 미혼 총각의 분묘 곁에 묻는 것이다. 또 지방에 따라서는 사후 결혼식을 올려 주고 부부로서 합장을 한다. 그렇게 하지 않으면 미혼인 그들의 원한이 사무쳐서 재앙을 초래한다는 신앙이었다.

이리하여 한국에는 노장(路葬)이라는 형식이 있었다. 처녀가 죽으면 하고 많은 명당·진혈을 두고 하필이면 사람의 내왕이 많은 대로에다 암장하는 것이다. 춘정(春情)을 모르고 죽은 원한이 뭇남성의 발에 밟힘으로써만 달래진다던가? 그렇지만 이것은 상대의 석장법과 원리를 같이 한다고도 할 수 있다. 영혼의 본체인 유골을 돌로 감금하듯이 처녀의 악령인 손각시(孫閣氏:손말명, 처녀가 죽어서 된 귀신)가 아예 뛰쳐나올 틈이 없도록 뭇사람이 계속 밟아댄다는 이론인 것이다.

그러니까 변사자를 처리하던 의제장(擬制葬)이란 형식은 고대 순사(殉死)의 유풍이라고 볼 수도 있다. 익사자를 매장하기 전에 무당은 온갖 푸닥거리로 익사하는 시늉을 연출한다. 그때 소용된 물투성이의 의복을 제웅에게 입혀서 유해와 함께 매장한다. 또 압사자는 제웅을 토석(土石)으로 깔아 뭉개서, 역사자는 돌이나 제웅을 차바퀴에 치이게 해서 함께 매장한다. 혼자가 아니라 비슷한 신세가 같이 가니 억울하게 생각을 말라는 주술(呪術)이었다.

이러한 풍속은 죽은 자의 원한이 악령으로 화생한다고 생각한 원시적 신앙의 산물일 것이다. 그런데 악령으로 화생하는 것은 원한 품은 인간만이 아니라 동물의 경우도 마찬가지였다. 그렇기 때문에 한국에는 인간 아닌 동물을 위해서 무덤을 짓는 풍속이 있었다. 그 한 예가 ≪필원잡기(筆苑雜記)≫에 보이는 묘사총(猫蛇塚)의 기록인데 그 내력은 다음과 같다.

즉, 한 탁발승이 충주 고을 어느 집에서 시주를 청했다. 인적이 없더니 잠시 후 곡성이 들리면서 한 노파가 나와서 말하는 것이었다.

"우리 늙은 부부가 딸과 함께 살았고. 졸지에 초상이 나서 남편과 딸이 죽었으니 대사는 불쌍히 여기시우."

중이 들어가 보니 방 하나에 노부(老父)와 어린 딸, 고양이, 뱀이 어지러이 죽어 있었다. 까닭을 묻자 노파가 답했다.

"고양이가 뱀을 잡는다고 꽁지를 물지 않았소? 뱀은 아파서 어린 딸을 물었구려. 손가락이 팔뚝처럼 붓고 허리가 독처럼 되더니 어린 딸이 죽었소. 애 아비가 분해서 고양이를 죽이려 들었소. 고양이는 시렁 위로 도망쳤다가 별안간 훌쩍 뛰더니 애 아범의 목줄기를 물었소. 고양이는 칼에 찔리고, 그래서 이 판이 되었구려."

대사는 삼생(三生)의 죄업이 이러니 명복을 빌지 않

으면 영겁토록 떨어지기 어렵다고 말했다. 노부와 딸은 화장하고, 고양이와 뱀도 무덤에 가두었기 때문에 사람들이 묘사총이라고 불렀다.

이러한 관념으로 하여 무당들은 천연두 환자가 있을 때 소위 '식문(瘜門)을 가두는' 절차를 가졌다. 바구니에 붉은 팥 한 줌을 담아 마루 밑에 놓고 시루로 덮어—손각시를 대로 밑에 감금하듯이, 사자의 원혼을 단지나 큰 돌 밑에 봉쇄하듯이—천연두로 죽은 원혼들을 시루 속에 감금하는 것이다. 또 천연두로 죽은 자는 땅속에 매장하는 대신 가마니나 거적에 말아서 나뭇가지에 달아매었다. 즉 풍장(風葬)인데, 시신을 두신(痘神)에게 공물함으로써 용서를 비는 것이었다.

화장(火葬)의 역사와 족분(族墳)

불교가 성할 때 화장은 왕가에도 있었다. 신라 34대 효성왕(孝成王)은 법류사(法流寺)에서 화장하여 유골을 동해에 뿌렸다. 51대 진성여왕(眞聖女王)은 양서악(梁西岳)에 뿌려졌고, 52대 효공왕(孝恭王)은 사자사(師子寺)의 북에서 화장하여 구지제(仇知堤) 동산 옆에 장(藏)했다. 53대 신덕왕(神德王)도, 54대 경명왕(景明王)도 화장했다. 신라는 《삼국유사》에 의하면 51대 진성여왕 이후 54대까지 4대의 국왕을 화장하였다.

그렇지만 화장은 상고에도 일반적으로 성행한 장법은 아니다. 화장하면 사자와 생자의 연결이 전혀 단절된다는 신앙 때문에 일부 특수한 경우에만 행해졌다. 즉, 그 하나가 고승을 장하는 경우이다. 세속을 떠나서 일체의 혈연 관계를 초월한 불도지만 비용과 수고가 벅차서 고승의 경우에만 한정되었다.

이밖에 화장은 악질자(惡疾者)를 장할 때 행해졌다. 즉, 병근을 끊어서 자손에게 전염시키지 않는다는 신앙 탓이다. 또 화장은 악령이 끼칠 재앙을 뿌리뽑기 위해서 행해졌다. 전장에서 전사자를 처리하는 수단으로도 행해졌는데, 적의 수모(受侮)를 피하기 위해서, 또는 운구(運柩)가 불가능할 경우로 한정되었다.

고려에 들어와서는 승려를 화장하는 예에 의해서 더 넓게 행해졌다. 그렇지만 그것은 장법의 전부가 아니라 시행하는 한 부분의 절차였다. 화장으로 얻어진 뼈는 권빈(權殯) 또는 권안(權安)이라 하여 일정한 곳에 안치하는 절차를 거쳐서 매장했다. 이 점은 신라가 풍장·화장 등으로 부육(膚肉)을 제거한 후에 2차적으로 매장 또는 석장한 방식과 유사한 것이다.

조선시대에 특징적인 변화가 화장이 잠적했다는 것이다. 유교가 발흥하면서 경조(敬祖)의 관념이 강해지자 화장을 불효·불인(不仁)한 것으로 의식하게 되었다. 이러한 추세는 비단 조선에 시작된 것이 아니라 고려말에, 즉 유학의 발흥과 함께 태동한 것이다. 공양왕(恭讓王) 원년(1389년) 헌사(憲司)의 상소에 의하면 논란된 내용이 다음과 같다.

'장(葬)은 장(藏)이다. 그 해골을 장(藏)하여 드러나

지 않게 하는 소이이다. 근세에는 부도(浮屠)니 다비(茶毘)니 하는 법이 성행하여 사자는 모두 열염(烈焰) 속에 장(葬)한다. 모발과 기부(肌膚)를 태워서 해골만을 남기며, 심한 자는 골(骨)을 분(焚)하고 재를 날려서 어조(魚鳥)에게 던진다. 연후에 하늘에 생을 얻으라, 서방정토(西方淨土)로 가라 한다. 일단 이 법이 생김에 사대부·고명자(高明者)도 모두 감(感)하여 사자로서 땅에 묻히지 않은 자 다수였다. 그 어찌 불인이 심하지 않은가!'(≪고려사≫ 권85)

그렇지만 조선시대에도 골을 본(本)으로 하는 관념만은 상고와 다름이 없었다. 상대의 풍장이건 화장이건간에 부육을 제함으로써 영혼의 본체이자 정수인 골을 얻자는 수단이었다.

그 정수를 신라인들은 석장·소장(塑藏), 기타의 수단으로 장(藏)했던 것이다. 이것이 조선에 와서는 풍수설과 결합하는 형식으로 변모하였다. 풍수설에서 소위 명당·진혈이라고 하는 것은 부육이 지장 없이, 또 속하게 제거되는 곳이다. 남겨진 뼈는 생기를 가장 예민하게 감수하는 생의 정기가 응결된 부분이자 부육에 대해서는 본이다.

그 뼈는 자손에 대해서는 근간(根幹)이기 때문에, 근간에 작용한 생기(生氣)는, 지엽(枝葉)인 자손을 번성하게 한다는 이론이다. 그러니까 조선의 지장법(地葬法)은 부육을 풍장 등 1차적인 수단에 의하지 않고 땅 속에서 바로 제거시키는 것일 뿐이었다.

이리하여 조선의 장법은 씨족제도가 발전하면서 족분(族墳)이라는, 즉 속칭 선산이니 세췌산(世莘山) 같은 것을 낳았던 것이다. 고려에 없던 이 제도는 전설에 의하면 이태조가 창출했다고 한다. 고려는 왕릉이 각처에 산재하여서 불편이 많았다. 그 전철을 피해서 이태조는 무학과 함께 동구릉(東九陵)의 광대한 가족묘지를 선정했다고 한다.

묘지의 한국적 잔혹사(殘酷史)

황금의 전설을 듣고 양인(洋人)들은 한국의 금에 군침을 흘렸다. 대동강을 거슬러 올라온 셔먼 호(號)도 실은 낙랑(樂浪)의 고분에 묻힌 보화를 탐해서였다고 한다.

그로부터 충청도 덕산(德山) 앞바다에는 가칭 아라사의 군병(軍兵)이라는 한 무리가 증기선을 들이대는 사건이 있었다.

야음을 틈타서 부장(副葬)한 금을 노리고 그들은 덕산 가동(伽洞)에 묻힌 남연군(南延君)의 묘소를 파헤쳐 버렸다. 아버지의 묘소가 관곽(棺槨)이 노출되도록 도굴당한 것을 알자 대원군은 열화같이 노했다. '천쫙쟁이〔천주교도〕들의 내응이 있었다'고 결론하고는 피의 숙청에 더욱 열중했던 것이다.

그뿐 아니라 한말에 양반·부호들의 묘소는 폭민·화

적들의 좋은 화수분이었다. 일례로 1909년 9월에 있었던 사건을 기술하자. 경기도 풍덕군 및 개성군의 농민 이응춘(李應春) 등 세 명은 개성군 김진오(金鎭五)의 선산을 파헤치고 유해의 두골을 잘라 버렸다. 그때 그들은 두골과 1만5천 냥을 바꾸자는 협박문을 묘석 위에 남겼던 것이다.

김진오가 불응하자 그들은 다시 5천 냥을 내라고 협박했다. 이럴 때 불응하면 조상보다 돈을 중히 여긴다고 비난을 받았기 때문에, 또 한말에도 경조의 관념은 철저했기 때문에 대개 협박의 본지를 달성할 수 있었다.

이러한 범죄는 풍수적인 신앙으로 하여 야기되는 경우가 한결 많았다. 충남 서산의 옥녀봉처럼, 금장의 터부가 붙은 곳일수록 진혈이라는 인식은 짙었다. 그렇기 때문이 이런 곳일수록 발복을 노리고 암장하는 무리는 끊이지 않았다. 암장자가 생기면 부락민은 총출동해서 분묘를 파헤쳐 버린다. 이럴 때 발굴자와 방어자 간에는 피를 부르는 전쟁 상태마저 야기되곤 하였다.

그뿐 아니라 묘지에 관한 범죄는 풍수적 신앙으로 하여 단맥(斷脈), 기타의 형식으로 변모되기도 예사였다. 소위 진혈의 발복을 막기 위해서, 지형을 변조·파괴 또는 지맥을 단절하는 등의 행위다. 평남 성천의 복장형(伏獐形)이라는 조씨(趙氏)의 선산은 앞산 포수(砲手) 모양의 바위를 파괴했기 때문에 노루가 달아나서 쇠망을 초래했다는 곳이다. 원한을 풀기 위해서 지맥을 파괴하는 자, 진혈을 잃지 않기 위해서 묘혈에 물을 붓는 행위, 또는 관리의 탐학에 대한 보복으로 그 선산을 파헤치는 무리……. 이러한 범죄가 연면(連綿)하여서 한국의 묘지는 그야말로 음산한 지역이 아닐 수 없었다.

개화가 되자 이같은 범죄가 암장이라는 형식으로 집약되어 가고 있었다. 묘지 규칙이 공동묘지만을 용인하자 암장은 도처에서 사태가 났던 것이다. 그들은 빈 관에 돌이나 제웅을 채워서 공동묘지에 묻고 진짜는 다른 명당·진혈에다 암장했던 것이다. 도리가 없으니까 일제는 묘지 규칙을 개정하여 사설 묘지를 용인하였다.

그럼 화장장(火葬場)과 공동묘지의 약사를 말미에 덧붙이자.

1901년에 일본 영사관은 광희문(光熙門) 밖 약 70평의 솔밭을 대여받아서 화장장을 설치했다. 그후 공동묘지는 갈월동에 약 3천 평이 있다가 1914년에 폐지되었다. 그리고 광희문 밖에 약 12만 평이 신설되었다. 이것은 만리재 새 묘지 약 4만 평과 함께 경성부 소관으로 되어 전자는 신당리(新堂里) 묘지, 후자가 아현리(阿峴里) 묘지로 불려지게 되었다.

그 무렵 1910년대에 공동묘지는 미아리·수철리(水鐵里)·신사리(新寺里)·이태원 묘지 등이다. 화장장은 신당리 및 아현리에 있었는데 15세 이상 4원, 15세 미만 2원이 사용료다. 묘지는 1등 1평까지가 4원, 이상 1평을 초과할 때마다 6원을 증수했다.

8. 묘지의 풍수적 전설

전의이씨(全義李氏) 조묘(祖墓)의 전설

흔히 승려들이 명당을 복(卜)했다. 충남 공주군 장기면, 공주서 20리를 북쪽으로 가면 금강을 임하는 곳에 이도산(李棹山)이라는 산이 있다. 이곳 전의이씨의 조묘(祖墓)는 소위 회룡고조형(回龍顧祖形)이라는 명당이자 역시 승려가 잡아 주었다는 곳이다.

이 묘에는 전설이 있다. 수백 년 전 고려 때 이도(李棹)라는 사공이 이 부근 금강에 배를 띄우고 살았다. 이도는 어질고 착해서 불쌍한 사람이라면 보아 넘기지 못했다. 그 근방 거지들은 누구나 이도의 신세를 졌기 때문에 그들은 이도를 신처럼 존경하고 있었다.

그런 어느 날 웬 걸승(乞僧)이 오더니 배를 청하는 것이었다. 강을 건넌 지 얼마 안 되어 되돌아오더니 걸승은 또 건네 달라는 것이었다. 이러기를 무려 대여섯 차례, 짜증도 날 법하지만 이도는 노하지 않았다. 한결같이 친절하게 걸승을 싣고는 강을 왕복했던 것이다.

그러자 걸승이 이도에게 말했다.

"참 무던하구려. 보아하니 상중인가 본데, 산소는 좋은 곳에 잡았소?"

"웬걸요. 마땅한 데가 없어서 3년째 그대로인걸요."

이도가 답하자 걸승은 건너편 산을 가리키며 말했다.

"명당을 가까이 두고도 그러셨구려? 저곳이 자손 만대의 진혈(眞穴)인데, 그러니만큼 권세 있는 자가 알면 뺏으려 들 거요. 석회 1천 가마로 단단히 굳히고, 또 '박상래(朴相來)란 자는 일절(一節)의 죽음만 알 뿐 만대의 영화는 모른다'고 돌에 새겨서 묻으시구려. 자손 만대가 발복할 거요."

이도는 공주 일대의 거지들을 불러서, 걸승이 말하는 대로 무덤을 썼다. 그로부터 이도는 영달하여서 마침내는 고려 태조로부터 통합삼한삼중대광(統合三韓三重大匡)의 공신 칭호를 받았던 것이다.

그러자 몇 대 후 박상래라는 지관이 이도산을 답산하더니 말했다.

"뒷산의 저 내룡(來龍)이 맥이 끊겼구려. 한때는 발복할지 몰라도 미구에 자손이 절멸하겠소. 이장해야겠구려."

자손들은 유명한 지관의 말이라 곧 이장에 착수했다. 그런데 온통 석회로 다져진 돌덩어리 같은 묘지, 그뿐 아니라 묘지의 상층을 파헤치자 돌 하나가 묻혀 있지 않은가! 그 돌에는 '박상래란 자는 일절의 죽음만 알 뿐 만대의 영화를 모른다'고 새겨져 있었다. 자손들은 조상의 용의주도함과, 또 돌에 새겨진 예언이 신기하게 맞았음에 경악하면서 이장을 포기하고 말았던 것이다.

이리하여 전의이씨 일문은 손꼽히는 거족이 되었다.

한낱 뱃사공으로 고려의 삼중대광(三重大匡)이 된 이
도, 그는 전의이씨 일문의 시조다. 그에 관해서는 ≪동
국여지승람≫에도 약전이 기록되어 있다. 즉 '태조가 남
정하여 금강에 이르자 때마침 물이 크게 불어 있었다.
도(棹)가 모시어 건네며 공을 세웠기 때문에 도라는 이
름을 내리셨다'고. 그 자손은 조선시대에 들어서만도 세
명의 상신(相臣)과 열 명의 판서를 배출하였다.

도승(道僧)과 지사(地師)

  승려가 간묘(看墓)하게 된 풍습은 상대의 불교의 융
성에도 밀접한 관계가 있는 것 같다. 후한의 청오(靑
烏) 선생에서 비롯했다는 풍수설이 한국에 수입된 것은
신라시대로 신라는 사탑의 건설이 국운을 돕는다고 생
각하여 도처에 그것을 건립하였다. 예를 들면 일본 등
9개국의 외환을 막기 위해서 지은 황룡사 9층탑 등이
다. 그들 사탑의 기지(基地)는 대개 명승들이 점쳐서,
승려는 지술(地術)에 정통한 것으로 흔히 인식되었다.
  이리하여 불가에서는 이름 있는 지관 풍수승들을 적
잖은 수효로 배출하였다. 신라시대에 부석사(浮石寺)를
창건한 의상대사(義湘大師)는 ≪산수비기(山水秘記)≫
를 저술한 것으로 전해지고 있다. 도선은 풍수설의 수
입자로 지목될 뿐더러, 고려의 대궐터를 복한 사람이
다. 조선에 들면서는 무학(無學), 서산대사(西山大師)
를 들 수 있고, 성지(性智)가 또한 왕실의 신임을 받은

풍수승이었다. 광해에게 자수궁 등을 짓게 한 성지는
왕실의 총애를 믿고 탐학을 범하다 인조반정(仁祖反正)
으로 주살 당했다.

'절터치고 명당 아닌 곳이 없다'는 것은 승려들이 이
처럼 지상(地相)을 복한 데서 비롯한 관념일 것이다.
그렇지만 풍수의 술법은 승려만이 전관하지는 않았다.
지상을 보는 사람은 정확하게는 풍수사(風水師), 이들
은 지사(地師)·지관(地官)·지관(地觀)·지리(地理)
선생 등으로도 불려지는데, 지관(地官)이라면 왕릉을
복한 사람이다. 풍수사를 높이는 말로서 전용되었고 다
시 지관(地觀)으로 일전하였다.

그들 지관(地觀)은 풍수서가 한적(漢籍)으로 되었기
때문에 한문을 할 수 있는 계급에만 국한하였다. 즉, 양
반과 중인(中人)·서리(胥吏)·평민·천민의 5계급 중
에서 서리 계층 이상만이 지술에 통할 수 있었다. 그렇
지만 양반들은 말하자면 아마추어라고나 할까? 관상감
(觀象監)에 봉직한다는, 혹은 과거의 음양과(陰陽科)에
합격했다는 등의 자격 경력을 프로의 요건으로 본다면
역시 중서(中胥) 계급의 전관이었다.

그렇지만 지관에게는 승려의 도첩(度牒)처럼 말하자
면 신분증이나 면허증 종류가 주어지지는 않았다. 지관
(地官)이 왕릉을 복하는 사람이지만, 제도상 상설되는
관이 아니라 임시로 위촉했을 뿐이다. 한학을 할 수 있
는 계급들이, ≪청오경(青烏經)≫이나 ≪명산론(明山
論)≫ 같은 풍수서를 읽으며, 선생인 지관(地觀)을 따

라다니면서 실지를 학습한다. 그러고는 지관으로 자처, 혹은 안 하는 자도 있는데, 그들 중 약간은 음양지리과에 응시하는 자도 있었다. 이렇게 되는 지관에게는 정액의 보수도 규정된 것이 없었다. 소위 '비사후폐(卑辭厚弊)'라 해서, 명당을 가려 받은 자는 공손한 말과 태도로써 의복 일습과 다소간의 금품을 증정하는 것이었다.

이리하여 지관을 전업으로 하는 사람은 없거나 있어도 극소수였다. 승려는 대체로 지술에 통했고, 양반들은 교양삼아서 좌청룡(左靑龍) 우백호(右白虎)를 논했다. 여기에 끼어든 것이 제대로 수업한 무리보다도 월등히 많은 얼풍수들이다. 결과는 한 산을 두고도 갑론을박하는 입방아들, 갑이 복한 명당이 을에게는 패가망신하는 악혈(惡穴)이기 일쑤였다.

이리하여 진남포(鎭南浦) 지방에서는 무당, 판수들에게 진혈을 점쳐받는 풍습까지도 있었다. 여러 지관의 말이 상반할 때, 또는 가까이 마땅한 지관이 없으면 무당, 판수들이 신점으로써 묘지의 길흉을 가늠하였다. 그런가 하면 학자도 저술에 능한 자가 많아서 정도전·맹사성(孟思誠)·이토정(李土亭) 등이다. 이토록 많은 층에서 지상(地相)을 말했다는 것이야말로 지난날의 의식구조를 설명함이 아닐까? 묘지의 길흉 화복이란 관념은 한국의 4천 년을 지배한 여러 신앙 중에서도 가장 뿌리깊은 하나였다.

풍수설이 다스린 국정

맹사성은 국초의 명상(名相). 석학이자 지술에도 달통하였다. 세종 14년에는 좌의정으로 영춘추관사(領春秋館事)를 겸하면서 ≪8도 지리지≫를 찬진(撰進)하였다.

그가 안동 부사를 하던 무렵이다. 안동은 소위 추로지향(鄒魯之鄕)인 만큼 양반들의 세도가 성했다. 그 중에도 김씨 일문이 각별해서 밉게 보인 부사라면 고을을 쫓겨나게 마련이었다.

따라서 신임 부사들은 동헌에 들기도 전에 김씨댁에 도임 인사를 가곤 하였다. 그런 줄을 알 턱이 없는 신임 맹사성 부사, 도임행렬이 동헌 아닌 김씨댁으로 들자 까닭을 물었다. 아전들은 전해지던 전례를 설명하면서 깍듯이 인사를 차리라는 것이었다.

맹사성은 불쾌했지만 그날만은 탈없이 예를 다했다. 그렇지만 관례가 이렇다면 부사의 체모도 체모지만 행정상 지장이 막심하다. 어떻게 김씨 일문의 세도를 꺾지 못할까? 그때 맹사성의 눈에 뜨인 것이 김씨네가 자리잡은 곳의 지상이었다.

그것은 잠두산(蠶頭山) 아래에 남쪽으로 상림(桑林)을 두고 있었다. 누에 형상인 산이 뽕밭을 안산(案山)으로 하면 풍수상으로 길하다. 지술에 달통한 맹부사는 김씨 일문이 이 뽕밭으로 하여 융성하다고 간파하였다. 안산을 끊으면 되겠군! 부사는 구획 정리를 빙자해서 부근 낙수(洛水)의 강물을 잠두산과 뽕밭 사이로 흐르게 했던 것이다.

그리고 새로 난 강둑에는 옻나무를 심게 하였다. 이러고 보니 누에인 잠두산은 물에 막혀서 안산의 뽕잎을 먹을 수 없었다. 굶주린 누에가 옻잎을 먹으면 생리상 죽어야 한다. 즉, 잠두산의 생기를 해친 것인데 그후 김씨 일문은 쇠망했다는 것이다.

이러한 작위는 지기(地氣)를 보한다는 측면에서도 실천되곤 하였다. 예를 들면 전남 영암 군내의 독천(犢川) 시장일까? 이 시장은 원래 이웃 마을 용산리(龍山里)에 있었다. 독천리로 이전된 내력이 다음과 같이 전해지고 있다.

즉, 현재의 시장을 면하는 곳에 이씨 일문의 산소가 있다. 이 묘는 명당으로 꼽히는 만큼 자손들이 크게 발복을 누렸다.

그런데 발복은 했지만 그 문중에는 툭하면 간음자가 나곤 하였다. 왜 그럴까. 탓은 산소에 돌아가고 말았다. 여근형(女根形)으로 된 묘지의 근부(根部)에서는 사철 마르지 않는 샘물이 솟아나고 있었다. 지기가 왕성해서 솟아난다는 그 물이 실은 음수(陰水)다. 때문에 자손에게는 음기가 성하게 작용해서 간음자가 속출한다는 것이었다.

지관은 이장하라고 말했다. 그렇지만 모처럼의 명당이라 버리기는 아까웠다. 이장을 안 하고 간음자를 막는 방법은 없을까? 지관은 묘지의 왕성한 음기를 달리 돌리거나 중화시키라고 말했다. 이리하여 그 일족은 묘

앞에 시장을 유치하기로 방법을 세운 것이었다.

즉, 음은 양에 의해서 중화된다. 묘에 음기가 왕성하다면 양기를 배(配)함으로써 중화될 것이다. 그렇다면 묘 앞에 숱한 남자를 군집하게 함으로써 가능하지 않을까? 이리하여 달에도 여섯 번이나 남자들이 군집하는 시장이 묘 앞 독천리로 이전해 오게 되었다. 그래서 이씨 문중에는 그로부터 간음하는 자가 전혀 없었다는 것이다.

지기설(地氣說)과 풍수서

그럼 지기는 어디에 왕성하다고 관념되었을까? ≪경국대전≫은 예전(禮典) 취재(取才)의 조항으로 음양과 지리학의 시험 과목을 정하고 있다. 이에 의하면 응시자들은 ≪청오경≫과 ≪금낭경(錦囊經)≫을 암송했으며 ≪명산론(明山論)≫과 ≪호순신(胡舜申)≫·≪동림조담(洞林照膽)≫을 비롯한 15종을 강서(講書)해야 했다. 이 규정은 ≪속대전(續大典)≫으로 간소화되어서 성종 이후에는 ≪청오≫·≪금낭≫의 암송과 ≪명산론≫·≪호순신≫·≪동림조담≫의 강서로서만 그쳤다. 그후 정조는 ≪탁옥부(琢玉斧)≫의 강서를 부가했지만 곧 폐지된 채 ≪청오≫·≪금낭경≫ (이상 암송)과 ≪명산론≫·≪호순신≫(이상 강서)만이 남겨지고 있다.

풍수에 관한 서적은 따라서 이상 4종이 정본이다. 그 중 ≪청오경≫은 후한의 청오 선생이 지은 것으로 풍수서 중에도 수격이었다. 이에 의하면 장지는 산천이 융결하여 봉우리와 계류를 겸한, 전후 좌우의 사합(四合)이 공결(空缺)되지 않은 곳이 길지라 하였다. 장(葬)은 음양의 생기를 받음이 목적이라 산래수회(山來水回)하는 곳이 부귀를 초래한다는 것이었다.

《금낭경》은 진대(晋代) 곽리(郭璃)가 저술했으며 장서(葬書) 또는 곽리장서(郭璃葬書)로 별칭된다. 당 현종(唐玄宗)이 금낭에 넣어 두고 애중했기 때문에 《금낭경》으로 불려지게 됐다는 전설이 있다.

이 책은 2권 8편으로서 풍수의 원리 및 실제를 논했다고 한다. 생기는 땅 속을 주행한다. 사람은 몸을 부모에게서 받기 때문에 부모는 근간이요 자손은 지엽이다. 근간이 땅 속의 생기에 욕(浴)하면 지엽은 감응하여 번성한다는 것이 제1편 '기감(氣監)'의 장에 제시되었다는 풍수의 원리다.

이리하여 《금낭경》은 생기를 모아서 헤어지지 않게 하는 풍수의 원칙을 설명했다는 것이다. 생기는 바람을 타면 헤어지고, 물을 만나면 정지한다. 때문에 사방의 산이 모여서 바람을 장(藏)하는, 또 여러 흐름이 서로 모여서 물에 계(界)하는 곳일수록 생기가 왕성하다는 것이었다.

이리하여 채성우(蔡成禹)가 지은 《명산론》은 다음처럼 설했다. 음양의 기가 융결하여 산이 되고 물이 된다. 음양이 모여서 생기가 되기 때문에 산수가 모이는 곳이야말로 걸지다. 산은 높고 기기(起起)할수록 기

(氣)가 성하고, 물은 깊고 만만할수록 기가 잘 정지한다. 산은 길한 방위에서 와야 하며 물은 흉한 방위로 흘러가야 한다. 혈(穴)은 산에 배(背)할 때 녹(祿)이 없고, 물에 배해서 향할 때 장익(長益)이 없다. 즉 풍수설은 산·수·방위의 세 요소로써 장치의 길흉을 점치는 것이다.

그런데 땅 속의 생기는 바람을 타면 산일한다고 하였다. 생기를 운반하는 용(龍＝山)이 아무리 귀하고 길해도 운반된 생기가 산일한다면 효험이 없다. 때문에 생기를 장하려면 바람이 불어가는 쪽을 막아야 한다. 혈의 후방인 현무(玄武), 전방인 주작(朱雀), 좌의 청룡, 우의 백호가 적당하게 장풍(藏風)함으로써 생기의 산일을 막아야 한다는 사신사(四神砂:청룡·백호·주작·현무)가 문제다. 이리하여 풍수의 법술은 용의 길흉을 보는 간룡법(看龍法), 생기의 산일을 막는 장풍법(藏風法), 물을 다루는 득수법(得水法)과 혈의 위치 및 방위를 정하는 점혈법(占穴法)으로 문제되는 것이었다.

껍질만 남은 김성일(金誠一)의 묘

이러한 이론에 입각해서 지세는 여러 유형으로 구별되곤 하였다. 즉, 혈을 중심한 일대를 산구형(産狗形)이다, 옥녀산발형(玉女散髮形)이다 라고 칭한다. 이러한 형상에 따라서 발복하는 상태가 다른 것으로 믿어지곤 하였다. 산구형이 자손을 번식하게 한다면, 옥녀산

발형은 귀인·재자·가인을 배출하는 길지였다.

이리하여 전설이 있었다. 경북 안동 출신인 김성일은 선조 때 학자이자 통신사(通信使)로 일본에 다녀온 사람이다. 이때 서인(西人) 황윤길(黃允吉)의 보고에 대해서 동인 김성일은 반대 견해를 말했다. 토요토미 히데요시(豊臣秀吉)는 한국을 침략하지 못할 범부라는 김성일의 보고를 믿었기 때문에 국방을 소홀히 하게 되어서, 임란의 참화를 당하고 말았다고 한다.

그 김성일이 죽자 자손들은 명당을 얻기 위해서 서울의 저명한 지관을 초빙했다. 그런데 지관은 당대의 1인자인 만큼 여간한 고자세가 아니었다. 시골 양반으로 취급했는지 갖은 구실로 늑장을 부렸다. 지관이 안동땅에 도착할 때쯤 상가에서는 지칠 대로 지쳐 있었던 것이다.

"왜 이렇게 더디 오셨소?"

분개한 상주들이 지관을 책하면서 산으로 재촉하였다. 그러자 지관은 불만을 느꼈다. 먼길을 왔는데 사람을 이토록 몰아세우다니! 두고 보자고 벼르면서 지관은 간묘(看墓)하는 작업을 시작했다. 불쾌한 마련으로는 악혈을 명당이라고 하겠지만 그렇게는 할 수 없었다. 왜냐하면 당대의 1인자라는 명성과 관록이 손상을 받겠으니까.

이리하여 지관은 소위 금계포란형(金鷄抱卵形)이라는 드물게 훌륭한 곳을 점치고 말았다. 이 형국은 금계, 즉 천계(天鷄)가 알을 품는 것처럼 산수가 생긴 곳이다. 지상의 뭇 닭은 천계가 새벽을 알린 후에라야 덩달 아 홰를 친다. 또 금계는 한 번 포란하면 20여 마리의 새끼를 깐다던가? 자손이 뭇사람을 영도하면서 크게 번 성한다는, 상혈(上穴) 중에도 상혈이었다.

그런데 지관은 막상 하관하는 단계가 되자 땅 속의 탕건(宕巾)처럼 생긴 돌을 치우게 하였다. 이 돌은 땅 속에 응결한 생기를 누르고 있던 것이다. 이것을 제거 했으니 땅 속의 길기(吉氣)도 산일할밖에. 김성일의 자 손은 속 빈 금계포란형에다 무덤을 썼기 때문에 아무 영달도 못했다는 것이다.

그런가 하면, 황해도 은율군 남천리 소재 남양홍씨 (南陽洪氏)의 조묘는 소위 옥녀탄금형(玉女彈琴形)이 다. 구월산(九月山)의 지맥이 남천(南川) 평야에 와서 남산(南山)을 이루는 그 지세는 구월산에 대해서 회룡 고조형(回龍顧祖形)이요, 묘 앞의 남천을 받아서 옥녀 탄금형이다. 이 지형은 옥녀가 탄금하면 누구나가 환희 하는 만큼 길혈(吉穴)이다. 대대로 인재·등과자·부자 ·귀녀를 배출한다는 곳이다.

이 무덤의 주인은 약 3백 년 전에 경기도 남양에서 거지처럼 유랑해 왔다고 한다. 과거도 못했는지 무덤 앞 표석에는 '남양홍공학생(南陽洪公學生) 유인한산이 씨(孺人韓山李氏)'라 기록되어 있다. 그렇지만 그 자손 은 크게 발복하였다. 헌종비(憲宗妃)인 명헌왕후(明憲 王后) 외에도 허다한 명신을 배출했고, 근래에도 수천 석 부자가 한둘이 아니었다고 한다.

그런데 이 무덤의 위쪽에 장묘(葬墓)한 자손은 예외
없이 쇠망했다고 한다. 조묘를 범하는 불효가 탓이 되
었다는 것이다. 또, 이 지역을 떠나서 오른쪽 산기슭에
장묘한 자손도 절멸했다고 한다. 그 묘지 한 옆으로 흉
수가 흐르기 때문이었다.

귀신이 잡아 준 길혈

전남 진도군 진도면 남동리에 곽(郭) 아무개가 살았
다. 찢어지게 가난한데다 생업이 없어서 각처를 거지처
럼 배회하였다.

어느 날 품을 팔고 늦어서 돌아가는데, 집을 10리 남
짓하게 둔 산기슭에 당도하고 있었다. 그때 곽 아무개
의 눈에 비친 것은 술에 취해서 쓰러져 자는 숱한 귀신
들, 곽은 놀라서 까무라치고 말았다. 그 서슬에 잠을 깬
귀신들이 주고받고 지껄이는 것이었다.

"이분이 죽었지 않아? 불쌍한데 생기가 있는 땅에 묻
어 주자구·"

그 서슬에 곽모는 정신이 들었다. 용서를 얻어서, 달
아나다 문득 좋은 수가 있다는 생각이 들었다. 귀신을
잘 대접하면 소원을 풀어 준다는데 명당이나 한 자리
청해야겠군! 이리하여 곽모는 술과 안주로써 명당자리
를 가려 받았던 것이다.

임종을 앞두고 곽모는 그 자리에 묻어 달라고 자손에
게 유언했다. 그러자 기가 막힐 일이다. 당대에 발복이

쏟아지더니 곽모의 아들은 고을에서 으뜸가는 부자가 되고 말았다.

이 지방에서는 하나의 신앙이 구전되는데, 솔개를 기름에 튀기면 뭇귀신들이 냄새를 맡고 모여든다. 그때 솔개를 귀신에게 먹이면 귀신은 고맙게 여겨서, 모든 소원을 풀어 준다는 것이었다.

그런가 하면 개성군 중면 식현리 파평윤씨(坡平尹氏)의 조묘에 전설이 있다. 이 무덤은 금릉(金陵)으로 불려지는데 형상은 복치형(伏雉形)이다. 묘지의 후방에는 수리봉〔鷲峰〕이, 전방에는 매봉〔鷹峰〕이, 그 좌측에는 황견곡(黃犬谷)이 있다. 개는 수리가, 매는 개가 노리기 때문에 꿩은 엎드린 채 아무 불안도 없이 새끼를 깔 수 있다는 형상. 즉, 삼수부동격(三獸不動格)인 길지이자 자손이 번성한다는 무덤이다.

이 무덤의 주인은 파평윤씨의 30몇대 조이다. 고향인 경주로 운구하는데 이 지점에 이르자 상여가 움직이지 않았다. 이리하여 묻힌 자리가 실은 흠잡을 곳 없는 진혈이었다. 파평윤씨네들은 파평·칠원(漆原)·남원윤씨(南原尹氏) 등으로 분파하였고 후손 윤택영(尹澤榮)을 낳았다. 그 딸이 조선 최후의 왕비인 낙선재(樂善齋) 윤비(尹妃)다.

그럼 경남 거창군 신원면의 박산포지(朴山麅地)로 붓을 옮기자. 이 무덤의 주인은 약 2백 년 전에 고을 거창신씨(居昌愼氏)의 문중에서 반남박씨(潘南朴氏)에게로 출가한 여성이다. 그런데 박씨네들은 이 여성을 소박했다. 쫓겨난 여성이 친가에서 사망하자 두 가문에는 쟁론이 일어났던 것이다.

쫓아낸 이상 신씨네 사람이라고 박씨네들은 우겼다. 일단 출가했으니 박씨 문중의 사람이라고 신씨네들은 주장했다. 그리고 박씨네들은 묘지는 고사하고 장사에도 아랑곳을 하지 않았다. 도리가 없으니까 신씨네들은 그들의 산인 박산포지 한구석에다 가련한 여성을 매장했던 것이다.

그런 지 10여 년이 지나자 박씨네 문중에 이변이 일어났다. 하는 일마다 맞아들면서 사세는 날로 번창하는 것이었다. 그럴 만한 까닭이 없는데 이상한 일이었다. 그러자 어느 지관이 소박맞은 신녀(慎女)의 무덤이 발복한 탓이라고 일러주었다.

이리하여 박씨네들은 그 무덤의 관리권을 주장했다. 지난날과는 달리 일단 결혼한 이상은 박씨네 사람이라는 이론이다. 치재를 드린 후로는 더욱 가세가 성해서 박제순(朴齊純), 기타 고위·현관이 배출됐다. 그 대신 신씨네들은 박산포지의 진혈을 빼앗김으로써 별 영달이 없었다고 한다.

묘지에는 풍수적인 전설이 이 밖에도 허다하다. 즉, 풍수적인 신앙이 얼마나 뿌리깊었는지를 말하는 측면일 것이다.

이리하여 한국에는 소위 명당·진혈을 둘러싸고 허다한 희비극이 있었다. 상사가 나도 명당이 발견되지 않는 이상은 석 달 넉 달 심지어는 1년 이상도 시체를 방치했다. 지기(地氣)는 어느 기간이 지나면 쇠멸하기 때문에 조상의 무덤은 수시로 파헤쳐져서 이장되곤 하였다. 또 이런저런 일을 빙자해서 사기 취재를 하는 무리도 적지 않았다.

그렇지만 명당이건 이장이건간에 조상보다는 자손의 영달을 노리는 것이었다. 따라서 묘지에 관해서만은 조부건 증조부건간에 허울 좋은 하눌타리였다고 할까? 그러니까 서거정(徐居正)은 그의 저서 《필원잡기(筆苑雜記)》에서 풍수의 허망함을 비판하였다. '산수의 설은 후한 청오자에서 시작하여 도간(陶侃)·곽복(郭璞)이 뒤를 이었고 당에 양균송(楊筠松), 송에 호순신(胡舜申)이 있었다. 이들은 모두 보잘것없는 소유(小儒)라 도리를 말함에 부족하거늘, 지관은 화복의 설을 즐겨서 방위·산수의 선악으로 자손의 길흉을 정하고 견강부회로 번잡과 좀스러움을 일삼으니, 심히 허황하고 망령된 것이라'. 이리하여 그는 몇 해도록 부모를 묻지 않는, 또 조상의 무덤을 누차나 파헤치는 행위를 미혹한 짓이라고 비난하였다.

그리고 정약용은 그의 저 《목민심서(牧民心書)》에서 산송(山訟)의 폐해를 말했다. 산송이 있을 때마다 지사(地師)의 이름을 밝혀서 국문한다면 소위 산소 싸움은 잠적하리라는 것이었다.

풍수설은 항간에 철저하던 신앙인 동시에, 일부 식자들의 비판의 대상이기도 했던 것이다.

제2장 신분사회의 뒷골목

1. 벼슬아치 전말서(顚末書)

관방(官房)·관리(官吏)·이촉(吏屬)

'영춘(永春)에 도착했다. 금강산 가는 길을 묻기 위해서 관가를 방문했다. 문루에는 큰 북이 걸려 있는데, 일출과 일몰에 쳐서 아문(衙門)의 개폐를 알리는 것이라고 했다. 또 관가에는 반드시 천지신명을 모시는 제단이 있게 마련인데, 도시 손질이라곤 하지 않아서 잡초 속에 형체가 보이지 않을 지경이었다.'

비숍 여사가 묘사한 1894년의 관청 풍경이다. 이때 여사는 세 고을의 관가를 언급하는데, 군수는 어디 가나 서울에 가고 임지에 있지 않았다. 관원들은 장죽 물고 화투치기로 소일할 뿐, 조석으로 북을 치는 외에는 집무랍시고 구경을 못했다고 기록하였다(비숍 여사의 《한국과 그 인방》). 이리하여 비숍 여사는 그가 묘사한 대로 '낡고 불결한 관방'에서 울지 못할 봉변도 당하곤 했다.

'불결한 관방으로 안내되었다. 그렇지만 그 관리의 곁으로는 가기 싫어서 뜰 아래 무릎을 꿇고 통역을 통해서 길을 물었다. 그동안 뭇 관기(官妓)들은 마치 짐승이라도 만지듯 나를 손가락으로 찔러도 보고, 어루만져

도 보고, 심지어는 쓰러뜨려서 나로 하여금 줄곧 치맛 자락을 여미게까지 하는 것이었다.'

한강 상류의 시골 주막에서도 여사는 비슷한 수난을 경험하였다. 때로 몰려온 촌사람들이 만지고 쓸고 할퀴고 밤새껏 잠 한숨 못 자게 들볶았다는 것이다. 그런데 명색 목민관이라는 군수의 집무처에서도 똑같은 봉변을 당할 줄이야.

이 관가에는 수령 이하 이속(吏屬)과 노령(奴令)들이 직원으로 봉직하는 것이 상례였다. 중앙[京職]과 지방[外職]으로 나누어진 관료 조직에서 중앙의 대부분의 품직과 지방의 수령급은 이른바 양반이라는 사환(仕宦) 계급들이 독점이었다. 이속이라면 중앙 관청의 서리(書吏)며 도의 영리(營吏) 또 아전(衙前)들의 총칭, 노령이라면 그들 이속 밑에서 심부름하는 사령(使令)·군노(軍奴)들의 총칭이다.

으리으리하기는 알성급제(謁聖及第) 소원성취 목사(牧使)·방백수령(方伯守令)이 된 사환 계급들이다. 정이품 자헌대부 전라도 관찰사 겸 도순찰사 병마수군 절도사 전주부윤 아무개쯤 되고 보면 수청은 물론 술상·밥상까지도 일일이 관기가 모시고 들인다는 호강과 세도, 직속 부하만도 6백74명인데 그 내역은 비장(裨將) 이하 다음과 같았다.

비장 8명, 장교(警察:軍官) 32명, 리(吏:서기) 96명, 통인(通引:급사) 약 1백 명, 기생 50명, 비자(婢子:하녀) 18명, 급창(及唱:傳令手) 5명, 방자(房子:

小使) 15명, 관노(官奴) 42명, 군노(軍奴) 30명, 순령수(巡令手:傳令手) 50명, 사령(使令:小使) 80명, 고자(庫子:창고계) 72명, 패두(牌頭) 12명, 영리(營吏:각군 출신의 서기) 21명, 마두(馬頭:別當) 4명, 서자(書子:寫字生) 6명, 대마종(大馬從:別當) 3명, 부마봉(副馬從:別當) 3명, 인직(印直:官印保管者) 5명, 봉교군(奉轎軍:가마꾼) 16명, 악공(樂工:전속음악가) 28명, 작대장관(作隊將官:指揮軍官) 6명, 초관(哨官:警戒手) 10명, 기고관(騎鼓官:軍樂手) 10명, 일산군(日傘軍) 2명, 우산군(雨傘軍) 3명, 계 6백74명.

이들 수령급과는 정반대로 이속에게는 일정한 급료조차 지불되지 않았다. 가령 1896년도를 예를 든다면, 청사 수리를 포함한 한성부의 특별예산 5천4백16원(元)에 대해서 판윤의 연봉이 2천 원이었다. 도대체 서울시 1년 예산 중 약 4할을 시장 봉급으로 지불하면서도 그 많은 이속들에게는 급료 한 푼을 주지 않았다는 사실! 그렇다면 시를 위한 시장이 아니라 시장을 위해서 시청이 존재했다는 결론이 아닌가? 1906년도에는 한성부 예산 6천1백93원(圓) 중 봉급 4천2백 원, 청비(廳費) 8백 원, 청사 수리비 25원, 잡급(雜給) 잡비 1천1백28원, 여비 40원이었다. 그리고 봉급 4천2백원은 판윤에게 2천 원, 소윤(小尹)에게 6백원, 주사(主事) 2백40원씩 5명분, 서기 96원씩 4명일 뿐 하급배들의 몫은 없었다.

이리하여 '아전살이 날품팔이'라는 말처럼 이속배란

천대의 대상이었다. 원래 그 지방의 토착 서민들 중에서 선임되게 마련인 이속배, 즉 이방(吏房)·호방(戶房) 같은 향리(鄕吏)나 군교(軍校)·액례(掖隷:궁정 이속)들은 소위 신량역천(身良役賤)이라 하여 양반과 상인간의 일종 특수 계층이었다. 그렇지만 그것은 중인보다도 못한 차라리 상민계급, 서울과 지방의 관청 소재지에 반거(蟠踞)하면서 세습적으로 향역(鄕役:향리로서의 직무)에 종사하게 마련이었다.

수령을 보좌하며 향리를 규찰하는 기관으로 향청(鄕廳)이란 것이 있었다. 그 장은 고을의 연고(年高)한 덕망가로 민선에 의해서 되는 좌수(座首) 혹은 향정(鄕正)·별감(別監) 약간 명이 그 밑에 부하로 종사하였다. 이속배의 보좌 역할은 서울의 경주인(京主人)과 지방의 영주인(營主人)이 담당했는데 각 지방관청의 연락 사무를 보좌·대행하는, 역시 일종의 이속이었다.

이들 이속은 간혹 정책에 따라 과거에 응시하고 향역이나 이역(吏役)을 면제받는 경우도 없지 않았다. 즉, 신분적으로 일종 면천이 되는 것인데, 그렇지만 과거란 잡과(雜科)를 제하고는 원칙이 사대부 가문의 독점물이었다. 상인은 물론 중인계급도 문무 양과는 볼 수 없었고, 서자와 천민 소생과 정치범의 자손에게도 응시할 자격은 없었다. 종친(宗親)은 정치에 관여를 못하게 마련이라 역시 배제되었다. 이리하여 오직 문벌가의 적출들에게만 허락된 그 제도는 결국 정권을 독점하는 구실이 되면서 이속과 기타의 대두를 막는 요컨대 수단에 불과하였다.

세종과 시골 선비의 일화

그렇지만 그것은 인재를 등용하기 위해서 명목상으로 공정한 수단이었다. 그런데 빽은 그보다도 더 소중했다. 비록 장원을 했다손치더라도 권력의 추천을 못 받으면 도대체가 등용될 길은 아득하기만 했다.

그러니까 세종 때 우씨(禹氏)라는 영남의 선비만 하더라도 그랬다. 일찍이 명경과(明經科)에 급제한 그는 워낙에 한미한 시골 태생, 미꾸라지 용 될 날을 기다리듯이 고관이 될 날을 손꼽았지만 기약이 없다 보니 마침내 그도 실망하였다.

그래서 우씨는 성균관(成均館)의 하찮은 말직을 버리고 낙향하기로 결심하였다. 그렇지만 막상 귀거래사를 부르기로 작정을 한즉 마음에 걸리는 한 가지, 청운의 뜻을 품고 명색이 벼슬 생활을 한 지 몇 해에 한 번도 정원(政院)을 구경조차 못하고 있었던 것이다.

그래서 우씨는 작별인사 겸 가까이 지내던 승지(承旨)를 찾아가서 간곡하게 소청했다.

"내가 서울서 벼슬살이 몇 해에 아직 정원이란 데를 구경도 못했구려. 승지님 덕분에 한 번 구경이라도 했으면 한이 없겠는데, 어떻게 되는 수가 없겠소?"

승지는 낙향하려는 우씨가 측은했던지 쾌히 승낙하며 말하였다.

"아다시피 정원이란 데는 잡인들을 금하는 곳이라 위법인데……. 그렇지만 한 번쯤이야 어떻게 되겠지! 마침 내가 내일 당직이니 저녁때쯤 와보게나·"

이튿날 약속대로 찾아가니까 그 승지는 공교롭게도 사고로 입직(入直)을 못하고 있었다. 통할 길은 없고, 어릿어릿하고 있는데 어느 새 육중하게 닫혀 버리는 대궐문, 오도가도 못한 채 서성대자니 마침 승지의 속관(屬官)인 한 사람이 우씨를 동정해서 정원 한구석에 자리를 마련해 준 것이 다행이었다.

조용히 자라는 말이었지만, 그날밤 밝은 달빛에 우씨는 잠이 올 턱이 없었다. 내일이면 모든 것을 단념하고 고향으로 돌아갈 처량한 신세, 심란하여 밖으로 나선 걸음은 대궐 안 그윽한 경치에 홀려서 어느새 깊숙한 곳으로 옮겨지고 있었다. 그러나 눈앞에 보이는, 장마 끝에 한쪽이 무너진 담장, 우씨는 그것이 경복궁 담인 줄도 모르고 마침내 금중(禁中)으로 침입하였다.

그때 저편에서 문득 인기척이 들렸다. 이윽고 가까이 와서 마주친 이는 뒤에 동자를 거느린 점잖은 양반이었다.

"그대는 누구인데 어떻게 여기에 들어왔는고?"

그가 상감인 줄을 알 리 없으니 우씨의 대답은 수월하였다. 그리하여 자초지종을 말한 끝에 이 집이 뉘 집이기에 이렇게 굉장하냐고 묻기까지에 이르렀다.

세종은 한동안 우씨를 눈여겨보더니 가까이 앉을 만한 돌을 가리키면서 미소를 띤 채 대답하였다.

"내가 바로 이 집 주인일세. 자, 우리 앉아서 세상사

애기나 나눠 볼까?”

이리하여 그날밤 왕 아닌 주인과 침입자인 나그네 사이에 월하(月下)의 문답이 무르익었다.

“그런데 명경과를 했다면서 왜 벼슬이 그밖에 안 되우?”

“시골 유생으로 세가(勢家)에 줄이 없으니 자연 이러하기 마련입니다. 그래서 낙향할 결심도 했던 것입죠.”

“흐음, 안된 일인데……. 그런데 명경과에 급제를 했다니 말인데, ≪주역≫을 해설할 수 있겠지?”

대강은 짐작한다는 말을 듣자 주인은 동자를 시켜서 책을 가져오게 하였다. 이리하여 달 아래 ≪주역≫을 펼쳐놓은 두 사람, 일찍이 미심스럽던 대목을 우씨가 조리 있게 풀어나가자 세종은 그 해박한 지식에 은근히 탄복하였다.

이리하여 날이 밝은 조정에서는 마침내 불가사의한 일이 생기고 있었다. 상감의 특지로 우씨는 일약 정6품 홍문관 수찬, 물론 대관(臺官)은 반대하는 글을 올렸다. 그러자 대계(臺啓)를 받아들이고 발령을 취소한 세종은, 이튿날 우씨를 정5품 교리(校理)로……. 이번에도 대계는 올라왔다. 역시 발령은 취소되고, 그런데 날이 새자 세종은 우씨를 이번에는 정3품 홍문관 부제학으로 제수하고 말았던 것이다.

대계 한 번에 이렇게 벼슬이 올라간다면 정2품 대제학이거나 이판(吏判), 그 이상 종1품·정1품에 영의정이 날지도 모르는 판이었다. 그러자 대관들은 서로 멀

거니 얼굴을 마주보면서 궁리들을 하였다. 심상한 일이 못 되니 우선은 대계를 중지하고 상감의 의중을 살펴보자고. 이리하여 어느 날 경연에 3상(相)이하 6판(判)과 옥당(玉堂:홍문관의 별칭)의 관원들이 모인 자리에서 대관 한 명이 말을 하였다.

"우 아무개로 말하오면 지체로 보나 인품으로 보나 과분한 등용이 불가하다 하여 물의가 분분했사옵니다. 한데 대계를 올릴 때마다 품계를 높여 제수하시옵는 어의(御意)가 어디에 계시옵니까?"

왕은 묵묵히 《주역》을 펼치더니 우씨가 해설하던 곳을 3상 이하의 관원들에게 물었다. 그리고 선뜻 답하는 사람이 없자 엄숙한 표정으로 입을 열었다.

"그것 보오. 만일 이 대목을 누가 풀었다면 그 지식은 경들도 짐작할 게요. 경들이 능히 못 푼 것을 우씨가 깊이 알고 있는데, 어찌 옥당(玉堂)이 불가능하단 말이오? 그 불가하다는 이유를 말해 보오."

누구도 고개를 드는 사람이 없었다. 이리하여 우씨는 다시는 반대하는 대계가 없었기 때문에 우선은 정3품 부제학으로 머문 채 이후 입신양명의 길을 밟았다.

대과(大科)·소과(小科)라는 등용문

기적은 한낮에 이루어졌다. 성종(成宗)이 미복으로 납시는데 어떤 자가 까치가 둥지를 튼 나무를 찍어다 옮겨 심고 있었다.

"여보, 그건 뭘 하자는 거요?"

설마 상감이라고는 생각 못하니 대답하는 소리도 수월하였다.

"문전에 까치가 둥지를 틀면 과거한다지 않소? 문앞에 나무라곤 없으니 혹 이렇게라도 하면 영험이 있을까 하는 것이오."

"그럼 댁은 강송(講誦)을 잘하우, 제술(製述)을 잘하우?"

"하긴 다 합지요. 아마 그동안 책 읽은 세월만 해도 수십 년은 되지 않나 싶소."

옮겨진 까치집이 영험했던지 그자는 성종의 은전을 입어 즉시 급제한 자격을 얻었다.

그런가 하면 기적은 밤에도 이루어졌다. 성종이 야유(夜遊)하시는데 밤새도록 삼각산에 불빛이 보였다. 사람을 시켜서 사실(査實)하시니 글 읽는 선비 한 사람.

"어인 일로 이렇게 근고하는가?"

급제하기 위해서라고 답하자 성종은 절구(絶句) 한 수를 짓게 하고 즉석에서 홍패(紅牌)를 내리게 했다.

천 년의 희비가 이렇게 뒤얽힌 과거제도는 고려 광종(光宗) 9년인 958년에 쌍기(雙冀)가 헌책하여 마련된 관리의 등용문이었다. 주나라 사신 설문우(薛文遇)를 수행하여 온 쌍기는 광종의 은총을 입어 고려에 귀화하고 한림학사(翰林學士) 등의 벼슬을 했다. 과거는 수·당 이래의 제도로서 쌍기가 수입한 후로 조선사회에도 계승되었다.

소과란 것이 있었다. 일명 생진과(生進科)라고도 하는데 그 합격자는 생원(生員) 또는 진사(進士)의 칭호를 받을 뿐 특별히 보직은 없었다. 생원은 제1차 시험 중 종장(終場:초장(初場)보다 하루가 늦은 제2일의 시험)에 합격하고(그자를 초시(初試)라 했다), 제2차 시험인 복시(覆試)에 합격한 자, 진사는 제1차 시험 중 초장(初場:첫날 시험)을 거쳐서(역시 초시라 불렀다) 복시에 합격한 자다. 초장은 시(詩)와 부(賦)를, 종장은 의(義)와 의심(疑心)이란 글을 과(科)하는데 어디를 보느냐는 응시자들의 자유다. 그리고 초장·종장을 다 보아도 무방한데 이 경우 합격자는 특히 양장초시(兩場初試)라 하여 대단한 명예로 생각하였다.

소과가 일종의 학력시험인데 대해서 대과는 본관(本官)이 될 자격시험이었다. 역시 초시와 복시를 과했는데 이 중 초시 합격자는 소과 초시에 비해서 특히 대과 초시라 불렀다. 이 초시는 소위 제술과(製述科)로서 논문·의·부·표(表)·책(策) 중 한 문제를 임의로 선택하는 것이다. 무관의 자손은 문과를 볼 수 없었다. 그렇지만 문관의 자손은 무과를 보아도 무방했는데, 이 경우는 소위 투필(投筆)한 사람이라 하여 오히려 천시하는 대상이었다.

이리하여 대과에 초시 합격한 자들만이 소위 명경과(明經科)라 하여 동당복시(東堂覆試:文科의 대과 복시)에 임할 수 있었다. ≪논어≫·≪맹자≫·≪중용≫·≪대학≫·≪시경≫·≪서경≫·≪주역≫ 중의 한 장을 암송·낭독하고 해의(解義)하는데 예조(禮曹)와 경학원(經學院)에서 도합 33명을 합격시켰다. 이들은 다시 대궐 마당에서 보는 전시(殿試:최종인 제3차 시험)에 통과함으로써 이른바 대과 급제가 나는 것이었다.

생진과와 문과 초시에 응하는 사람을 유학(幼學)이라 하였다. 한량(閑良)은 무과 초시에 응하는 자, 그는 다시 무과에 대과 급제함으로써 선달(先達)이라 불리게 되었다. 따라서 '봉이(鳳伊) 김선달'이라면 '김봉이'란 성명과 '무과에 대과 급제했다'는 자격을 아울러 표시한 말인데, 문과에 대과 급제한 사람은 그냥 급제라 불렀다. 즉 김선달이나 마찬가지로 김급제·이급제……. 장원한 사람은 최장원·이장원이라 했는데, 읍하지 않고 배(拜)로써 경의를 표시하였다.

과거는 이 외에도 중인급에 한해서 보던 잡과가 있었다. 역과(譯科)·의과(醫科)·음양과(陰陽科)·율과(律科:法科)와 같은 기능직 시험인데 역시 초시와 복시의 두 차례 시험을 보았다. 역과는 한학(漢學)과 몽학(蒙學:蒙古學)·왜학(倭學)·여진학(女眞學)으로 분과되었고, 음양과 천문·지리·명과학(命課學)으로 세분되고 있었다.

이상이 식년과시(式年科試)라 하는 정기 과거의 대략이다. 자(子)·묘(卯)·오(午)·유년(酉年)을 표준하여 매 3년마다 시행했는데, 생진 초시는 식년(式年) 전 해 8월에, 대과 급제는 9월에 보였다. 생진 재시(生進再試)는 식년 2월, 동당복시는 3월, 이에 대해서 나라에 경사 있을 때 특별히 보게 한 것이 알성과(謁聖科)를 비롯한 임시 과거였다.

즉, 알성과는 국왕이 공자묘(孔子廟)에 참배할 때 성균관에서 보는 과거다. 증광과(增廣科)는 등극(登極)이나 세자의 탄생 또는 가례(嘉禮) 등을 경축하기 위해서 식년 과시를 증설하고 넓힌 형식, 그렇기 때문에 증광과라고 했다. 별시(別試)는 증광과를 보일 때마다 좀 작은 경사를 위한 특별 과시, 대과 초시만 1천 명을 뽑아서 복시를 보게 하였다. 정시(庭試)는 그보다 더 작은 경사, 예컨대 왕이나 왕비·왕대비의 춘추가 망오(望五:41세) 또는 망육(望六:51세) 달했음을 경축하기 위해서 보인 것인데, 국왕이 친림(親臨)하여 전정(前庭)에서 보였기 때문에 전정과(前庭科)라고도 했다. 응제(應製)는 환후평복(患候平復), 또는 세자의 백일 같은 때 보인 것이요, 기타 절일제(節日製)·도기(到記) 외에도 몇 가지가 있었다.

컨닝이 판을 친 과거(科擧)

이러한 제도가 초·중기만 하더라도 대체로 공정하고 엄격하였다. 《용재총화》는 그러한 절차를 비교적 자세하게 언급한 끝에 '공정한 일로는 오직 과거가 있을 뿐'이라 했는데 요약하면 대략 다음과 같다.

'과거를 보이기 며칠 전, 이조(吏曹)가 시관(試官) 후보자의 명단을 상감에게 올리면 상감은 그 중 가하다고 인정된 이름 위에 점을 찍어 내린다. 이리하여 명을 받은 시관은 제각기 시험 장소로 가는 것이다.

한편 과거날 첫 새벽에 성균관·승문원(承文院)·교서관(校書館)에서는 수험생을 호명하여 시험 장소로 들이는데 수협관(搜挾官)이 문 밖에 분립(分立)하여 의복, 기타 지필묵에 이르기까지 세밀히 수색한다. 이때 글 쓴 문서가 발각되면 순작관(巡綽官)에게 넘겨져서 결박을 당할 뿐더러, 시험장 밖에서 들켰으면 한 식년(式年:3년간)을, 시험장 안이면 두 식년 동안 응시 자격을 박탈당한다.

해뜨기 전에 시관이 대청에 불을 밝히고 나와 앉으면 삼관(三館:승문원·성균관·교서관)의 관원들이 응시자들의 좌석을 정돈시킨 후 퇴장한다. 날이 밝으면 제목을 내어걸고, 해가 기울면 북을 쳐서 재촉하다 글이 완성되면 수권관(收卷官)에게 제출한다. 그것은 등록관(謄錄官)에게 넘겨져서 양쪽 끝에 번호가 기입되고 감합(勘合)을 쪼개어 찍는데 한쪽은 응시자의 이름 위에 봉하고 다른 쪽은 답안지 위에 붙이는 것이다.

이상 절차가 끝나면 봉미관(封彌官)이 봉명(封名)한 쪽편만 받아서 별도로 간직하고 등록관이 사자생(寫字生)들로 하여금 주묵(朱墨)으로 답안지를 옮겨 베끼게 한다. 그후는 사동관(査同官)이 원문을 읽고 지동관(枝同官)이 사본을 대조한 끝에 시관에게 사본을 넘긴다. 채점이 끝나면 시관은 비로소 봉미관에게 밀봉한 이름을 뜯게 하고 방(榜)을 내어다 붙였다.

이와 같이, 급제가 한 사람에 의해서 결정되지 않고 답안이 한 손을 거치지 않음으로써 나라에 공도(公道)란 오직 과거만이 있을 뿐이었다.'

그렇지만 ≪유한잡록(遺閑雜錄)≫에 의하면 과거란 부정 부패의 표본, 즉 다음의 일절이 그것이다.

'대리 시험은 법이 엄금하는 것인데 염치없이 이(利)만 탐하여 범하는 자가 꼬리에 꼬리를 물어 사풍(士風)이 지극히 불미하였다. 조종조(祖宗朝) 이래로 알성(謁聖)한 후 제술(製述)로써 사람을 취한 일이 점차로 빈번했는데, 분요(紛擾)한 중에 정밀을 기했다고 할 수는 없고 대리 시험으로 합격하는 자 또한 적지는 않았던 것이다.'

이리하여 명종(明宗) 무렵에는 권신의 아들 이정빈(李廷賓)이 대리 시험으로 장원까지 하였다. 그 끝에 온갖 요직을 담당하더니 사실이 발각되어 삭탈관직을 당했고……. 여계선(呂繼善)이 또한 마찬가지다. 동방문사(東方文士)라 하여 명나라에까지도 문명(文名)을 크게 떨쳤던 차천로(車天輅)는 고향 사람이란 인연으로 대리하여 표문(表文)을 지어 바쳤다. 여계선은 장원 급제를 물론 취소당했다. 차천로는 일단 명천(明川)에 유배되더니 훗날 용서를 받고 교리, 기타로 복직되었다.

새끼 그물로 범을 잡고

이렇기 때문에, 그 무렵의 사회에서는 재주나 학식이

없이 과거에 합격한 사람을 흔히 '새끼 그물〔藁網〕로 범을 잡았다'고 빈정거렸다. ≪용재총화≫가 전하는 한 토막 이야기가 있다.

세종 병진년(丙辰年)에 별시를 보았다. 고관의 아들 윤영평(尹鈴平)은 도대체 실력이 미미했지만 친구들이 응시한다는 바람에 덩달아 원서를 제출하였다. 이리하여 과장(科場)에서 그는 친구들이 읽어 주는 대로 옮겨 써서 요행히 초장 합격은 했던 것이다.

그렇지만 전시(殿試)를 당해서는 사정이 달라졌다. 문제가 까다로웠던지, 친구들은 제각기 제 글 짓기에 바빠서 누구도 윤영평에게 답안을 읽어 주는 사람이 없었다. 그러니까 글 한 줄을 못 쓰고 쩔쩔맬밖에. 당락은 나중 일이고, 우선 남 보기 민망해서 땀이 날 지경인데 자꾸만 자리를 옮기는 태양, 그러자 저녁 무렵이다. 문득 바람 한 점이 세차게 일더니 윤영평의 턱 밑에 한 장의 종이쪽을 떨어뜨려 주는 것이었다.

집어 보니 누구의 글인지 과거의 초안이 분명하였다. 문맥으로 보아 어지간히 잘된 것도 같았지만 윤영평은 그런 것을 가려낼 만한 식견도 겨를도 없었다. 백지를 내기보다는 낫겠지! 부지런히 옮겨 써서 수권관에게 제출했는데, 덕분에 그는 남에게 글 짓는 시늉을 보인 채 과장을 나올 수 있었던 것이다.

그런데 방이 붙는 날이 되었다. 이건 뜻밖에도 윤영평이 뭇사람을 물리치고 장원 급제. 그럴 수밖에 없었다. 그 초지(草紙)는 생원 강희(姜曦)가 지은 것인데 강희는 기미년(己未年) 별시(別試)에 장원을 할 만큼 학력이 뛰어난 사람이었다.

그런가 하면 남의 글을 강탈해서 장원하는 사람도 없지 않았다. 태종 병신년(丙申年)에 이조정랑(吏曹正郎) 김자(金赭)는 병조정랑(兵曹正郎) 양여공(梁汝恭)과 함께 시장에 들었다. 해거름에 양이 답안을 다 쓰자 김은 강탈해서 고쳐 서명하고 장원하였다. '자넨 시골 선비로 병조정랑까지 했으니 그만하면 족하네. 나도 좀 벼슬하게 이리 주게나'고 하면서.

이리하여 날로 문란을 거듭한 관리 등용의 길은 한말에 이르러 마침내 부패할 대로 부패하였다. 진사란 원래 백 명을 한정하여 뽑는 법인데, 고종 4년인 1867년에는 종친까지도 포함해서 부지기수로 남취(濫取)하였다. 그런가 하면 무지한 사람들까지도 아우성치며 과장으로 들이밀리는 형세였다. 그렇기 때문에 중국인들은 조선에 참 인재가 많다고 비웃었고, 혹은 귓속말로 돈이 얼마나 있느냐, 10만 냥이면 대과 급제도 살 수 있지 않느냐고 소곤거렸다.

감역(監役)이 된 개 복구(福九)

결과는 관리가 되기 위해서 매관매작(買官買爵)하는 악풍이었다. 일찍이 광해군 무렵이다. 임란으로 폐허가 된 궁궐을 일으키기 위해서 인경궁·자수궁·경덕궁 등의 공사를 시작하자 국고가 바닥이 나버렸다.

그래서 광해군은 크고작은 관작을 내어놓고 백성들의 돈을 모금하였다. 그러자 양반이 되고 싶은 바람에 금·은·전답과 목재·초석·시탄 등을 바치고 감투를 얻어 쓰는 사람이 있었는가 하면, 수화목금토(水火木金土)를 바치고 당상관 벼슬을 얻었다 해서 그들을 오행당상이라고 했다던가·

이런 풍속이 한말에는 각읍 수령의 자리에 공공연하게 정가까지 매겨지는 상태로 발전하였다. 당시 수령 자리의 좋고 나쁨은 소위 은결(隱結)이라 해서 초세대장에 오르지 않은 농토가 얼마나 되느냐에 따라 결정됐는데, 은결이 많은 고을일수록 그 정가가 비쌌다. 그래서 1등 군수 자리인 전주·광주·나주·대구·경주·상주·김해 등지는 2만 원 내지 3만 원, 정3품 참의(參議)급이면 3천 석짜리 벼슬로 통했고, 정6품 좌랑(佐郎)이면 60석 안팎으로 살 수 있었다.

이리하여 위정자들은, 특히 민비는 돈이 궁할 때마다 수령을 규정된 값으로 방매했다. 그 거간은 주로 민규호(閔奎鎬)가 담당했다. 뿐더러 4대문 안에는 경주인 등으로 조직된 일종의 벼슬 주식(株式) 시장이 생겨났다. 경매를 붙이듯이 원납전(願納錢)을 많이 낸 쪽으로 벼슬이 떨어졌는데, 대원군이 경복궁을 지을 무렵의 광경이다. 이것이 발전하자 3만 냥으로 군수를 산 지 하루 만에 파면되면서 5만 냥을 바친 사람이 그 자리를 차고 앉기도 했다. 남희규(南熙奎)는 10만 냥을, 정순원(鄭淳元)은 20만 냥을 바쳤는데 덕분에 직각(直閣)

의 자리를 차고 앉았다.

그 끝에 마침내 개도 벼슬을 사서 하는 세상이 되고 말았다. 호서 지방 어느 해변에 강씨(姜氏)라는 늙은 과부가 살았는데, 살림은 넉넉했지만 자식이 없었다. 그래서 강과부는 복구(福九)라는 개 한 마리를 길렀는데, 어느 날 지나가던 나그네가 '복구야' 하고 부르는 소리를 들었다.

과부가 아들 이름을 부른다고 착각한 나그네는 강복구(?)에게 감역(監役) 벼슬을 사서 시키라고 권했던 것이다. 값을 치르고 복구는 한낱 개의 신분으로 감역 나리가 됐는데, 웃지 못할 노릇은 후일담이다. 복구가 설레설레 꼬리를 흔들면서 길을 가면 상민은 물론 감역보다 낮은 벼슬아치들까지 공손하게 길을 비키는 것이었다.

이후 사토(齊藤實)가 총독으로 재임했을 때의 일이다. 어떤 자가 진언하기를 구장(區長)은 한림(翰林)이나 교리(校理)로, 면장은 승지로 바꾸어 부르게 하자고 했던 것이다. 그렇다면 구장 아무개보다는 확실히 양반답고 권위있게, 의젓하게 들리는 한림학사 아무개—그것은 촌로들의 권세욕을 충분히 만족시킬 수 있는 것이기 때문에 만약 채택이 되었더라면 더 많은 매족(買族)·친일분자를 만들어 낼 수도 있었을 것이다.

이리하여 나라는 망했지만 옛날 왕조의 대부(大夫)들은 온갖 어중이떠중이들과 더불어 화려한 미몽(迷夢)을 버리지 못하고 있었다. 고종이 붕어한 지 2주년, 영위

(靈位)를 종묘에 모시는 이른바 부묘의식(祔廟儀式)을 당하자, 이왕직의 망국 대부(亡國大夫)들은 온통 살판이나 만난 것처럼 술렁거리기 시작하였다. 이것이 전 같으면 부묘도감(祔廟都監) 이하 여사대장(轝士大將)이 임명되고 시중의 서민으로 여사군(轝士軍)을 편성하여 참봉(參奉), 기타의 상작(賞爵)이 내려지는 법이었기 때문이다.

이리하여 왕조 최후의 벼슬 시장은 온갖 희비극 속에서 성황이었다. 참봉을 산 사람들이 소 잡고 돼지 잡아서 양반이 된 자축회를 벌이는가 하면, 떠돌이 약장수까지가 가짜 첩지를 팔아먹고—시세가 한창 좋을 때 어느 거두의 집에는 비단 수백 필이 들이밀렸다. 그 끝에 경찰의 수사망이 펼쳐지자 그 거두들은 호언장담했던 것이다. '나는 귀족이요 합방공신(合邦功臣)인데 경기도 경찰부 따위가 나를 어떻게 하겠느냐'고.

왕조가 망한 지 10여 년에 아직도 왕조의 벼슬이 시세가 났다는 것은 그만큼 매력이 있었음을 여실히 증명해 주었다.

2. 인간 가축인 노비제도사

일도이노(一盜二婢)라는 속(俗) 말

외입 중에서도 통직이(筒直伊) 외입을 으뜸이라 했다. 그러니까 점잖은 체면에 안방 출입을 창피한 것으로만 여기던 옛날 상전네들.

달은 밝것다, 사랑에서 독수공방하자니 심란한데 때마침 자리라도 보러 들어온 통직이를 보니 이건 또 생각이 황홀하였다. 넌지시 손목 한번 잡는 날이면 종은 또 상전이 하는 일이라 감히 거역을 못했다. 이리하여 '누워 있는 소 타기'로 비유되었듯이, 통직이 족속들은 상전 앞에서 성의 노리개감이 되기 일쑤였다.

그리하여 어느 대감댁에서 그랬다던가. 나이 어린 계집종의 손목을 주무르면서 대감이 주착없이 중얼거렸다. '네 손은 참 예쁘구나! 고것 참 씹어먹어도 비리지 않겠다'고. 그런데 안방에서 역시 독수공방을 일삼던 마님께서 하필이면 그 말을 귀에 담았다.

결과는 마님의 열화 같은 호통소리, 와들와들 떨면서 통직이가 쫓겨난 뒤 마님이 사랑방문을 열었다. 손에 든 쟁반에다 조금 전 그 비녀(婢女)의 선혈이 임리하게 듣는 잘려진 손목! 불쑥 대감 앞으로 들이대면서 마님은 차디차게 말을 하였다.

"흥! 씹어 자셔도 비리지 않겠다구요? 자, 어서 소원껏 자셔 보시우!"

이리하여 마님네들의 질투를 산 비녀들은 사매질은 물론 심지어 맞아죽는 경우도 없지 않았다. 외양만 인간이지 사실상 상전의 가축이나 다름없던 비녀들은 방매(放買)·사형(私刑)은 물론 때려죽여도 살인이 되지 않았다 한다. 한말 보(洑)나 강물 속에는 더러 떠내려가지 못한 채 걸려 있는 묘령녀들의 유기 시체가 있었다던가. 국부에 돌이나 막대기가 처박혀 있는 것은 말할 것도 없이, 상전의 노리개가 된 끝에 마님에게 죽임을 당한 불행한 운명의 주인들이었다.

그런데 양반집 비녀들은 주로 노복(奴僕)과의 결혼이 용인되었다. 그들조차 '외입 중 으뜸'으로 거론됐는데, 하물며 대관댁 비녀들이야! '꽃 중의 꽃은 모란꽃이요 비(婢) 중의 비는 대관비'라고 했다. 결혼도 못하고 평생을 처녀비로 있어야 했던 그들이기에 딴은 상감이지만 연산군도 마음이 동할밖에 도리가 없었다.

이리하여 제8대 예종(睿宗)의 2남 재안대군(齋安大君) 집에서였다. 한잔 술에 거나해진 연산이 마침내 하고 싶은 말을 하였다.

"듣자하니 당숙댁에는 좋은 애가 하나 있다더군요?"

"좋은 애라시오면. 아, ……저, 녹수(綠水) 말씀이군요?"

상감이 부른다기에 녹수는 비록 이 집의 종이지만 녹

의홍상에 짙은 화장으로 등대하였다. 그리하여 마침내
는 능란한 춤과 미모로써 연산을 사로잡은 녹수, 궁에
드니 이젠 옛날처럼 재안대군댁 비녀가 아니었다. 종4
품 숙원장씨(淑媛張氏)로 연산의 총애를 독점한 요화
장녹수, 그의 친정은 벼락부자로 금시에 발복하였다.
그리고 녹수는 연산을 실정하게 한 요인의 하나로서 국
사를 어지럽히다 중종반정으로 처형·적몰(籍沒)을 당
했다.

그렇지만 통직이들은 대부분 그런 한때나마의 영화도
없이 평생을 허송하기 일쑤였다. 원래 반빗간 비녀들을
통직이라 한 것은 그들이 물통·밥통 같은 부엌세간을
맡았기 때문이다. 찬비(饌婢)라 하면, 요새말로 식모·
찬모(饌母)라면 좀더 의미가 뚜렷해진다. 그들이 상전
의 성의 노리개가 되기 쉬웠던 까닭은 종이라는 신분
외에도, 당시의 불합리한 가족제도가 크게 작용하였다.
안방과 사랑으로 갈려진 장벽 속에서, 양반일수록 안방
에 드는 것을 체모 없게만 생각하던 당시의 사회 풍습
은 가까이 있는 비녀로써만 성의 토출구를 찾을밖에 없
었던 것이다.

외직(外職)인 수령(守令)·방백(方伯)이 또한 예외
가 아니었다. 젊고 아름다운 관비(官婢)는 맡은 바 하
직(下職) 외에도 사또의 밤시중을 들었고, 사람에 따라
서는 임기중 사또의 첩 노릇을 하기도 예사였다. 따라
서 포악한 수령들은 평민의 처자에게 죄를 씌워서 관비
로 하천시킨 후 목적을 달성하기도 했다. 이 또한 비녀

라는 신분보다는 그 무렵 사또들이 대부분 독신으로 부임했다는 점에 더 많은 원인이 있었다.

노비의 계급과 제도

이들 노비 계급은 상전인 양반 계급에 대해서 사회의 최하층에 속해 있었다. 원래가 조선의 사회 계급은 지배 계층인 양반과 그 밑의 심부름꾼인 중서 계급, 즉 중인과 서리들의 계층, 또 평민 계급을 거쳐서 천민 계급으로 노비며 칠천(七賤)이다. 그렇지만 칠천인 상인·선부·옥줄·체부(遞夫)·승려·백정과 무당들은 천민은 천민이지만 신분적으로 상전에게 예속은 되지 않았다. 반면에 노비들은 한갓 상전의 재산으로서 예속된 신분이었기 때문에 칠천들보다도 오히려 못한 형세였다.

이러한 사정은 칠천을 '자유로운 천민'으로, 또 노비를 '자유롭지 못한 천민'으로 설명할 때 비교적 근사치를 얻을 것 같다. 이를테면 무당·백정이라면 종교적 또는 산업적인 천민으로서 직업은 무당·백정의 직에만 종사해야 했고, 혼인도 동류들 사이에서만 가능하였다.

그렇지만 직업의 세습은 비단 무당·백정뿐 아니라 무관(武官)도 문과(文科)는 볼 수 없었고 향리(鄕吏)의 자손은 대대로 향리였다. 무당·백정들의 동류 혼인은 정1품·종2품 대관들도 문벌과 당색(黨色)을 가렸으니 '구속'이라고도 못할 노릇이다. 문제는 신분적으로 예속되었느냐의 여부다. 그리고 예속되어 있지 않았던 칠천들은 그들의 천직을 통해서 재산도 만들 수 있었고, 가령 자식을 방매했다고 쳐도 그 대금은 그들의 소유다. 그렇지만 노비는 예속되어 있었기 때문에 모든 노력의 대가는 물론, 자식을 판 대금까지도 상전의 소유물로 돌아가고 말았던 것이다.

이들 노비는 공천(公賤)과 사천(私賤)으로, 또 사천은 전래비(傳來婢)·매득비(買得婢), 조전비(祖傳婢) 셋으로 나누어 갈래를 잡을 수 있다. 그 중 공천은 관에서 부리는 노비라 세습되어 내려온 관노·관비, 포로·범죄인, 또 역적의 처자로서 하천되어 노비가 된 자들이다. 사천이라면 일반 사가의 종들인데 조상이 물려준 노비와 그 소생인 전래비다. 매득비는 당대에 돈으로 샀거나 빚 대신으로 받아온 것이다. 또 조전비라면 안방마님이 시집올 때 데려온 몸종들인데, 문벌 있는 혼사에는 수명의 비녀들을 반드시 딸려서 보내는 관습이 있었다. 이외의 또 하나가 역적의 처자를 하천시켜서 공신들에게 하사한, 말하자면 상으로 받은 사비(私婢)였다.

고려의 신분제도는 대체로 엄격해서 팔세(八世) 호적 중 천류(賤類)에 섭(涉)함이 없어야만 벼슬이 가능하다는 원칙이 있었다. 따라서 공훈으로 하여 천류가 중류·상층 계급으로 승진함은 죄로 인하여 천민으로 전락하는 것처럼 신분 사회의 예외였다. 그렇지만 천류건 하천된 자이건간에 대우는 처참해서, 노비는 물건처럼 매매·약탈·상속·양여(讓與)·전집(典執)의 대상이 되었다.

이 제도는 조선에 들어와서도 하등의 개선이 되지 않았다. 따라서 노비라면 이때도 매매·약탈·상속은 물론 뇌물로서 양여되기도 했다. 가난한 자들은 빚담보로 아내를 저당잡혔고, 빚 대신 자식을 노비로 바치기도 하였다. 그런가 하면 상전은 노비가 낳은 자녀를 마음대로 팔았을 뿐더러 노비나 마찬가지로 그 소생들도 유산 목록에 기입했다. 이른바 종모법(從母法)이란 것인데, 비(婢)의 소생은 당연히 노비이어야 한다는 국법이다. 조선에는 종부법(從父法)까지 아울러 시행됐는데, 이는 물론 노비의 양산(量産)을 위해서 나온 것이라 노(奴)의 소생까지를 노 또는 비로 삼아 버리는 법칙이었다.

이리하여 일단 노비로 떨어지면 대대로 그 신분을 벗어나지 못했다. 그들은 오직 상전을 위해서 존재하는 상전의 '재산'이었기 때문에 때리거나 간(姦)하거나 팔아먹거나 심지어 목을 잘라도 그만으로 탈이 없었다. 그런가 하면 상전이 죄를 입었을 때면 상전을 대신해서 곤장을 맞기도 했다. 상민이나 양민들은 소생을 노비로 바치고 옥에서 풀려났는데 이것은 증회치고도 최고급의 증회에 속했다.

뿐더러 법률은 상민이 노비로 떨어지는 경우보다 노비가 상민으로 오르는 경우를 더욱 엄하게 다스리고 있었다. 즉, 법률도 노비에 대해서는 가혹했으니 노가 양민의 여자를 처로 삼으면 장(杖) 80도, 그러나 비를 양인(良人)으로 속여서 결혼한 양민은 장 90도를 맞았던 것이다〔大明律〕. 그런가 하면 노비와 양민이 서로 싸우면 설령 양민의 경우가 틀렸어도 노비만이 처벌을 받았고, 노비가 상전에게 폭행을 하면 상전의 처를 강간했을 때나 마찬가지로 참형(斬刑)이다. 추노(追奴)하는 자는 가위 암행어사 같은 전권까지도 노에 대해서 행사할 수 있었으니 도망친 노비, 즉 반노(叛奴)를 추적하여 붙잡아 오는 행위를 추노라 하였다.

참판댁 종이던 어느 판서

그렇지만 사비와 달라서 공천은 매매되거나 양여되는 일이 없었다. 때로는 상민과 결혼도 허락되었고, 또 우수한 자는 백방(白放) 또는 아전(衙前)으로 특채도 되었다. 노비가 노비의 신분을 벗는 경우를 면천(免賤) 또는 발신(發身)했다고 한다. 이 경우 옛날의 상전은 구상(舊上)이라 한다. 노비가 발신하자면 상전의 특지(特旨)에 의해서 되는 경우가 하나, 상전에게 대전(代錢)을 바치고 되는 경우가 둘이다. 그리고 국가에서 직접 면천시켜 주는 것이 세번째 경우인데, 나라에 공훈이 있거나 예술에 특출하거나 효자 열녀일 경우였다.

그렇지만 이런 경우는 여간 드문 게 아니었을 뿐더러, 발신한 노비들조차 좀처럼 과거의 의식에서 벗어나지 못했다. 중종이 즉위하기 이전인 연산군 무렵이다. 생일도 근본도 분명치 못한 소년 박석평(朴碩枰)은 상전인 이참판〔李參判〕의 호령으로 냉큼 사랑에 등대하였다.

"몸이 노곤하구나. 이리 와서 다리나 주물러라."

그런데 소년은 다리를 주무른다면서 연방 딴짓에 정신이 없었다.

"고놈 참 장난이 심하군!"

하고 일어나 앉은 상전, 그 순간 상전은 소년이 부리나케 감추는 서적을 한 권 목격하였다.

"책을 가지고 장난이었군! 그런데 이놈, 도대체 누구 책이냐?"

"잘못했습니다. 책은 작은 도련님 책이올시다."

"작은 놈이 너더러 책을 가지고 놀라던? 이 고얀 놈들이로고!"

"아니올시다. 쉰네가 잠시 빌려 달라고 청했습니다."

"빌려 와? 그럼 네놈이 글을 안단 말이냐?"

이리하여 상전은 세상에 괴이한 일도 있다는 듯이 어디 한번 읽어 보라고 명령했다.

"자왈부여귀(子曰富與歸)는 시인지소욕야(是人之所欲也)이니라. 불이기도(不以其道)로 득지(得之)면……."

읽는 소리가 낭랑했다. 그래서 탄복한 주인은 한결 누그러진 소리로,

"고놈 참 맹랑한 놈이로군! 그래 너 글을 읽어서 무엇하려고?"

"과거를 볼까 하옵니다."

"과거라? 남의 집 종은 과거를 못 보는 법인 줄 몰랐나?"

소년의 암담한 표정을 보자 상전은 그 이상 종의 굴

레를 씌워 두기가 측은해졌다. 이리하여 소년은 상전의 호의로 면천이 되었다. 아들 없는 집으로 양자를 간 소년은 중종 2년의 식년 과시(式年科試)에 합격한 후로 벼슬이 올라서 마침내 정2품 형조판서로 크게 영달했던 것이다.

이리하여 초헌(軺軒)을 타고 입조하는 어느 날이었다. 저만큼 초라한 뒷모습은 구상(舊上)인 이참판댁 작은 도련님, 그 순간 박석평은 초헌을 버린 채 맨발로 읍하여 말을 하였다.

"소인 문안 아뢰오!"

놀란 사람은 뭇하인, 군졸과 이참판댁 구상이었다.

"누구신데 이러오니까? 혹 대감께서 사람을 잘못 보시지나 않았습니까?"

"아니오이다. 이참판댁 작은도련님이시죠? 쉰네는 전에 종으로 있던 석평이옵니다."

보니 전에 책을 빌려 달라고 그토록 성화를 부리던 그 종의 모습, 그렇지만 그는 지금 정2품 형조판서로 초헌을 타는 신분인 것이다.

"대감, 이게 무슨 망령이시오! 난 지금 집안이 영락해서 한낱 구차한 선비일 뿐입니다. 지난 일은 잊으셔야지요!"

그러나 박석평은 마다하는 구상을 억지로 집에 모신 후, 대궐에 들어가 국가의 율법을 속인 채 천한 종으로서 대신의 자리를 더럽힌 죄 죽어 마땅하다고 상주하였다.

이리하여 어전회의가 소집된 자리에서 영의정 홍언필

(洪彦弼)은 비록 국법을 어겼다지만 전죄를 뉘우침이 가상하니 그대로 쓰심이 옳다고 발언하였다. 또 다른 대신은 주인이 면천을 시킨 이상 양민이라, 양민으로 대과(大科)·사진(仕進)했음이 결코 위법은 아니라고 말했다. 이때 대신들은 구상을 추천하는 반면에 스스로 죄를 청한 행위를 의로운 일이라고 찬양하였다.

그렇지만 보는 바에 따라서 결론은 달라져야 하는 것이다. 극기와 면학으로써 종의 굴레를 박찬 박석평이 실은 종의 관념을 박차지 못한 바로 그 사람일 줄이야! 그러나 그것은 박석평의 죄가 아니다. 당시의 사회에서 노비와 상전의 관념이 얼마만큼 철저했던가를 계산한다면 시호(諡號) 장절공(壯節公)까지 받은 박석평의 이야기도 이해 못할 이유는 없을 것 같다.

노비라는 신분의 득상(得喪)

그러니까 선조 때 무장(武將)인 유극량(劉克良)만 하더라도 그랬다. 선조 초에 무과 급제, 이후는 아장(衙將)을 거쳐서 전라도 수군절도사인데, 그 무렵 그는 생각조차 못했던 하나의 비밀을 알게 되었다.

즉, 그 어머니가 일찍이 재상 홍섬(洪暹)의 집 비자(婢子)로 있었다는 사실! 잘못하여 큰 술잔을 깨뜨린 비자는 처벌이 두려워서 도망하여 살았다. 양가(良家)로 출가해서 낳은 것이 유극량, 그렇기 때문에 유극량은 아직 면천조차 되지 못하고 있던 어미를 쫓아서, 대장은 고사하고 노가 되어야 하는 신분이었다.

이리하여 유극량은 상감께 올릴 상소문을 가지고 재상 홍섬을 찾아갔다.

"모르고 한 일이지만 국법을 어긴 죄가 크오이다. 어쨌든 저는 무과에 응할 자격이 없으니 급제를 취소하시고 환천(還賤)하시기 바랍니다."

그런데 홍섬은 너그러웠다. 속으로 감동은 했지만 애써 태연을 가장하면서 말했다.

"귀관의 어머니가 우리집 비로 있었다지만 나는 모르는 일이오. 어서 병부(兵符)를 넣고 돌아가시오."

감격한 유극량은 이후 일군을 호령하는 대장의 신분이면서도 결코 단 위에 서는 법이 없었다. 그러면서 그는 종이 상전을 대하듯 홍섬을 섬겼다. 임란이 일어났다. 조방장(助防將)으로 죽령 싸움에는 패했지만 유극량은 임진강 싸움에서 혁혁한 전공을 세우고 전사했다. 이리하여 병조참판에 추증된 유극량은 연안 유씨(延安劉氏)의 시조, 시호 무의공(武毅公)을 받았으며 개성의 숭절사(崇節祠)에 제향되었다.

노비나 노비의 소생으로 발신한 것은 박석평·유극량 이외에도 송사련(宋祀蓮)·이양생(李陽生)·이상좌(李上佐) 같은 경우가 있었다. 천비 중금(重今)의 손(孫)인 송사련은 외사촌 안처겸(安處謙) 일족을 역모로 몰고 신사무옥(辛巳誣獄)을 일으킨 끝에 그 공으로 당상관, 이후 30년을 세도하다 마침내는 무고한 사실이 발각되어 삭탈관직을 당했다. 이양생은 이시애(李施愛)의

난을 진(鎭)한 공으로 적개공신(敵愾功臣) 3등이자 계
성군(鷄城君), 이상좌는 중종의 어진(御眞)을 그릴 만
큼 그림이 특출해서 상감의 특지로 노를 면했던 것이다.
 폭군 연산은 광주(廣州)·양주·고양·양천의 여러
읍을 혁파(革罷)하여 도성 백 리를 놀이터로 만들고 말
았다. 쫓겨난 백성들은 내수사의 노비로 하천시켰고, 세
조는 조카 단종을 억울하게 죽게 한 끝에 부인 송씨를
관비로 하천시켰다. 단종의 누이 경혜공주(敬惠公主)는
남편 정종(鄭悰)이 사육신 사건에 연좌했다고 해서 순
천부사의 관비, 또 김옥균의 처 유씨(兪氏)도 옥균이 대
역으로 몰리는 바람에 아전집 종살이를 하게 됐다.
 '비녀의 신분으로 그 고을 아전인 정씨(鄭氏) 집에
들어가 있게 되었다. 이 정씨는 다행히 옛날 친정아버
지 밑에서 일하던 분이었으므로, 그때의 의리를 생각하
여 따로 별채를 지어 주는 등 온갖 정성으로 보살펴 주
었다. 몸의 고달픔은 비록 없었지만 비녀의 신분으로
갖은 고난을 참는데, 그나마 무슨 복이라고 그 집에 산
지 4년 만에 재앙이 닥쳐왔다. 가주(家主)인 정씨가 현
청(縣聽)의 공금을 횡령한 죄로 가산을 적몰(籍沒)당했
는데, 우리 모녀마저도 가산으로 취급받는 비녀라 몰수
당하는 신세가 됐던 것이다. 하지만 노동력이 부족한
우리를 데려가려는 사람이라곤 없었기 때문에 우리 모
녀는 드디어 거리에 버려진 운명이 되고 말았다.'
 김옥균의 처 유씨의 수기다. 왕비도 정경부인도 죄를
얻으면 한갓 노비, 노비란 인간 아닌 '재물'이요 '가축'이

었기 때문에 매매·급부(給付)·몰수 등을 당해 가면서 평생을 혹독하게 사역당했다.

행랑살이라는 개화 노비

노(奴)의 반항은 여대 만적(萬積)의 난이 있은 후로 수백 년을 간간이 점철하였다. 무신 정중부(鄭仲夫)가 집권하자 노 출신으로 대관이 된 자도 없지 않았는데 그 사실이 만적을 자극하였다.

이리하여 최충헌(崔忠獻) 댁 사노인 만적은 개경 북산(北山)에서 나무를 하다 일장 선동 연설을 했던 것이다.

"양반·상놈 하지만 왕후장상(王侯將相)이라고 씨가 있지는 않았다. 우리가 비록 매에 못 이겨 일을 해왔지만, 우리도 잘만 하면 왕후도 장상도 될 수 있다. 정중부가 집권한 후를 보라! 많은 천민들이 고관이 되지 않았는가? 일어나 상전을 죽이고 집권하자!"

이리하여 정(丁) 자 모양으로 표지를 삼은 만적은 거사할 날을 정하고 만반의 준비를 했다. 그러나 그 군졸은 원래 오합지졸이었다. 거사일에 모인 자가 의외로 적자 실망한 한 사람의 밀고로 만적은 강물에 던져진 채 백여 명 연루자와 함께 죽고 말았다.

그후 동학란 때는 전라도 무장(茂長)에서 종들이 상전인 은씨(殷氏) 일족을 멸문시키는 일이 있었다. 뿐더러 각처에서는 노들이 동학군 휘하로 몰려들어서 자못 기세가 승했다. 이러한 반항은 더러 공분(公憤)으로 발달된 경우도 없지 않아서, 예컨대 을사5조약이 체결될 무렵이다. 군부대신 이근택(李根澤)이 처첩에게 조약의 전말을 자랑삼자 반빗간 비녀는 식칼로 도마를 내리치면서 '저놈이 저토록 흉악한 줄을 모르고 내가 이 집에 살았으니 억울하고 절통하다'고 호통했다.

그렇지만 노비 제도는 지배 계급의 갖은 학대 밑에서 최근까지도 계속되었다. 1920년대만 하더라도 한국의 가정은 거의 예외 없이 노비를 두고 있었는데, 청직(聽直)이며 상노(床奴), 상직(上直)이, 안잠자기 등이 그것이다.

그 중 청직이는 2,3명 이상 7,8명이 사랑 옆 청방(聽房)에 대기하면서 안내·접객과 나리의 분부 일체를 소관하는 역할이었다. 상노의 수효는 비슷해서 이들은 상을 운반하면서 상전과 청직이들의 명에 응했고, 상전이 외출하면 긴 담뱃대를 맡아 들고 상전의 가마 옆에 수행하였다. 안잠자기는 안방마님 곁에 시침을 들면서 고담(古譚)이나 《삼국지》 등으로 마님의 적막을 위로하는 소임. 상직이는 마님의 몸종 격이라 세수·결발(結髮)·화장과 자리보기며 청소 등 일체의 시중을 도맡아 했다. 게다가 식모·찬모를 비롯해 바느질을 도맡은 침모 족속이 있었다. 이리하여 대갓집이라면 노비의 수효만 해도 10여 명 이상 50 내지는 60명이었다.

행랑아범과 행랑어멈은 종 대신 '더부살이'가 등장하면서 생겨난 노비의 변형된 형태다. 행랑에서 사는 남자요 여자들인데, 행랑채 한 칸을 얻어 사는 대신 온갖 잡역에 종사하였다. 더부살이는 더불어 산다는 뜻으로 노비의 명칭이 높여진 상태라 할 것이다. 그렇지만 더부살이건 행랑것들이건간에 보수마저도 없어서 헌옷, 식은밥이나 얻어갖는 정도가 고작이었다. 이리하여 행랑아범·행랑어멈들은 옛날의 노비에 비해서 매매되지 않았다는 하나가 다른 점이었다.

그럼 옛날 노비들의 시세는 어떠했을까? 임진왜란·병자호란 무렵에는 소나 말 한 마리를 가지고 노비 10명과 바꿀 수 있었다. 동학란 당시는 소 한 마리에 노비 5명, 그나마 미모의 비가 적어도 하나는 끼어야 한다는 조건으로 교환되었다. 〈독립신문〉에는 계집종 1명을 백 냥에 팔았다는 등의 기사도 있다. 당시 쌀 한 되 값이 석 냥이었고, 3백 냥이면 속량(贖良)할 수 있었다니까 얼마나 헐값이었나를 알 수 있다.

그럼 불과 쌀 한 가마니 값도 안 되는 돈으로 하여 평생을 사역만 당하던 노비들의 처지는? 소 5분의 1마리 값으로 이리저리 팔려다닌 그들이지만, 근대에 들면서 개화에 미친 영향과 역할만은 지대하였다.

즉, 그 하나는 노비들이 구시대의 부(富)를 몰락시키는 요인의 하나가 되었다는 사실이다. 그런데 구시대에는 부와 권력이 분화되지 않았기 때문에, 부한 계급이자 곧 권력층이요 전통 세력이다. 앞서도 잠깐 언급했지만, 대갓집에 들끓는 수십 명 노비들은 대감에게 엄청난 생활비 부담을 강요한 끝에, 조선시대 그 혹독한 가렴주구(苛斂誅求)의 한 요인을 만들고 있었다. 그래서 사게 된 민원(民怨), 권력을 잃자 대감들은 그 많은 가계의 낭비로 하여 몰락한 끝에 단 한 명도 새시대의 자본가로 전신하지 못하고 말았다.

그리고 다른 하나는 노비들 스스로 개화에 앞장 섰다는 사실이다. 그 한 예는 여성들의 발목 해방에 미친 영향—원래 한국의 고유한 풍속은 유방은 보일망정 맨발만은 감추는 법이라, 그 시절에는 평생을 살아도 아내의 발 모양조차 구경 못하고 살았던 것이다. 그런데 진고개 일대에 일인촌이 번성하자 그곳 일본 여자들은 제 나라 풍속대로 맨발이었다. 거기 고용된 식모나 점원족들이 어느새 그 풍습을 몸에 붙였다.

그렇지만 1920년대 초기만 하더라도, 천류 외에는 부녀들의 맨발이 귀했다.

이러고 보면 여성들의 발을 해방시킨 선구자가 노비들이 되는 셈이다.

3. 두문동(杜門洞 72현(賢)의 자손들

고리백정의 딸 자운선(紫雲仙)

절하는 매무새가 선연(嬋娟)하였다. 이런 궁벽한 산골에도 이러한 미색이 살고 있었나 싶었다.

사실 서울의 내노라는 얼굴도 많이 봤지만 눈앞의 처녀라니 이건 또 맵시가 각별하였다. 옥으로 깎은 듯한 살결하며, 허리는 가늘어서 이곳 강기슭의 버들이라도 웬걸 그보다야 가늘지 않을 것 같았다.

'산수 탓이야! 산수가 좋으면 미색이 난다더니…….' 하면서 이지영(李至榮)은 물길을 거슬러 온 연변의 경치를 생각하였다. 물은 맑고 골은 깊어서 여울에 씻기는 산 그림자, 강마을에는 버들이 탐스럽게 자라고 있었다. 거기서 처녀를 발견했기에 이지영은 그 집에까지 따라들었던 것이다.

"압록강 상류의 삭방도(朔方道)라? 그럼 너희들은 무엇으로 생업을 하는고?"

"산짐승하며 물고기도 잡습지요. 그렇지만 이곳은 버들이 좋아서 주로 고리짝을 짜서 먹고 삽니다."

"고리짝이라? 그럼 천민이로군!"
하고 나서 이지영은 아차! 하는 생각으로 말을 이었다.

"헌데 네 이름이 자운선이라 했겠다? 이름도 아름답
거니와 넌 우선에 산골에 묻혀 살 인물이 아니다. 어떻
게 대처로 나가 살 맘은 없느냐?"

"그러잖아도 여기서는 여자들이 춤·노래를 익히다
크면 압록강 하류로 나간답니다."

"음, 기녀(妓女)로 간다는 말인가본데……. 그렇지만
노류장화가 되기보다는 내 말대로 하는 것이 네 신상에
도 이로우니라. 자 그럼……."

이리하여 삭방도 분도장군(分道將軍) 이지영의 막사
엔 그날밤 봄바람이 무르익었다. 자고 나면 서울로 쌍
가마를 타고 장군의 측실(側室)이 되어 갈 처녀, 기름
진 피부가 요새 들어 한결 매끄러울 때, 처녀는 장군의
베갯머리에서 눈물 반 교태 반 호소였다.

"소첩은 이만하면 부족한 것이 없사와요. 그렇지만
고향에 계신 부모네를 생각하면……."

"그래 어떻게 하라는 말이지?"

"우리네 고리백정들은 나라에 세금도 물지 않아요.
그걸 물게 하시되 그 재물을 우리 부모에게 주셨으면
고맙겠어요."

압록강 상류의 천민들이 전례 없이 세금을 바치게 되
고 말았다. 딸 덕에 늦팔자를 고친 자운선의 부모들이
었다. 그때 이지영은 무신 정중부들이 활개를 치는 세
상이라 그만한 세력쯤은 갖고 있었다. 그렇지만 그 아
버지 이의민(李義旼)은 원래 경주의 천민으로 싸움 한
번 잘하던 깡패 두목이었다. 안찰사 김자양(金子陽)에

게 발탁된 후로, 또 무신 정중부에게 가담한 후로 영달
해서 마침내는 판병부사(判兵部事:병조판서)까지 살았
던 것이다.

그렇지만 이의민·이지영 부자는 영화가 그다지 길지
못했다. 최충헌 일파가 이의민을 죽이자 벼락은 이지영
의 은신처라고 피하지는 않았다. 날이 밝은 세상에서
권신(權臣)은 최충헌이었다. 그런데 최충헌은 언젠가
이지영의 별장에서 본 자운선의 자색이 아무래도 잊혀
지지 않았다.

이리하여 최충헌은 마침내 자운선을 취하고 말았다.
그럼 자운선의 정절은, 그까짓 아무러나 좋았다. 출신
이 고리백정의 딸이라면 애당초 정경부인은 못 되는 팔
자다. 어쨌거나 자운선은 타고난 미모로써 이지영의,
최충헌의 품으로 전전하면서 고려 중엽에 어지간히 세
도가 당당하였다.

화외방임(化外放任)한 백정 정책

이런 경우는 조선시대 이장곤(李長坤)의 처가 정경부
인이 된 외에는 거의 유례없는 영달이었다. 즉, 연산 갑
자년의 죽음의 참화를 피해 온 서울 나그네, 그는 상주
고을(일설은 보성 또는 함흥) 백정 부락에 숨어들어서
고리백정의 사위가 된 채 아내의 지극한 정성으로 허기
만은 면하고 살았다. 중종반정으로 새로운 세상이 되자
이장곤은 교리며 절도사 등을 거쳐서 종1품 좌찬성(左

贊成)하며 병판(兵判)이 되었다. 쌍가마 타고 서울로 동행한 여자는 칙명(勅命)으로 정처(正妻)가 됐느니만큼 마침내는 정경부인(정·종1품 문무관 부인의 작호)을 받았던 것이다.

기타는 백이면 백 사람이 쌍가마는 고사하고 평생에 비단옷 한 번을 걸쳐 보지 못 하는 게 철칙이었다. 갓·탕건·망건을 쓰지 못하니 머리는 봉두난발(蓬頭亂髮), 외출할 때 그들은 패랭이 또는 평량자(平涼子)라 하여 황죽(荒竹)으로 된 갓 비슷한 소립(素笠)을 썼을 뿐이다. 발에 가죽신을 꿰지 못했고, 두루마기·털모자를 걸치지 못 하고, 기와집에 살아도 안 되었다. 가끔 TV 화면에서 고리백정의 처가 비녀쪽을 찌른 채 등장하지만 기실 어느 나라 백정인지 알 수 없다. 한국의 백정들은 결혼 초부터 결발(結髮)을 불허했기 때문에 비녀란 경우 여하를 막론하고 만져보지도 못 하는 물건이었다. 여자들은 둘레머리를 하거나 재주껏 궁리껏 꾸려붙여서 흐트러지지만 않게 했을 뿐이다.

게다가 백정들은 관혼상제를 당해서도 일반의 예법을 좇지 못했다. 따라서 백정들은 초상이 나도 상복·상장·상립은 물론 상여도 쓸 수 없었다. 혼례에 말이며 가마를 쓰지 못하니 말 대신 소, 가마 대신 널판자를 깔고 앉아서 시집·장가를 갈 수밖에 없었다. 배반(杯盤)·연회는 차릴 수 없었고 가묘(家廟)도 물론 엄금하였다. 장가를 가도 상투를 좇지 못했는데, 오직 아들을 본 후에만 남자는 결발이 허용되었다.

그뿐 아니라 백정들은 교육은 물론 성명에까지도 현저한 차별을 받고 있었다. 백정도 부자라면 더러 독선생(獨先生)을 앉히기도 했지만 그것은 예외, 보통은 서당에서도 받아 주지 않았다. 성은 있어도 자칭하거나 표방을 못했는데 그나마 대부분 성이 없기가 일쑤, 또 간혹 성이 있다손쳐도 관향은 모르는 경우가 허다하였다. 이름을 인(仁)·의(義)·예(禮)·지(智) 같은 훌륭한 글자로 하면 '백정 주제에 주제넘다'고 해서 린치를 당하게 마련이다. 족보도 항렬도 없으니 백정들은 이름을 붙이되 돌쇠·금돌이 외에는 별로 뾰족한 것이 없었다.

이리하여 백정들은 보통 사람 앞에서 음주·끽연은 물론 공공한 집회에도 출입을 못했다. 상민이 양반에게 존대말을 쓰듯이 백정은 상민에게까지도 말을 높였고, 반촌(班村)은 물론 상민들의 동네를 지나칠 때도 백정들은 고개를 들지 못했다. 허리는 굽힌 채, 달음박질치듯이 껑충껑충 뛰면서 지나쳤는데, 추호라도 과실이 있으면 온 동네가 나서서 사매질을 가하곤 했던 것이다.

결과로 백정들은 국가에 세금을 물지 않았다. 군역(軍役)에도 부역(賦役)에도 종사하지 않았다. 당시는 군포(軍布)라 하여 일정한 양의 포를 바치고 병역을 때우는 제도가 있었는데 백정들에게는 해당이 안 되는 이야기다. 그뿐 아니라 호적에도 오를 수 없었던 백정들은 살인·강도·강간 같은 극악한 범죄나 범하면 모를까 기타 웬만한 범죄로는 관의 소추도 보호도 받지 못했다. 백정이 관련된 사건은 되도록 백정 부락의 조정에 맡긴 채 국가로서 간섭을 않는다. 그렇지만 일단 간섭해서 곤장을 친다고 하면 일반민들은 형틀에 묶였지만 백정들은 직접 땅 위에 엎드린 채 그짓을 당해야 했던 것이다.

이같은 백정들이 오직 한 번 국사(國事)에 참여하는 기회가 있었다. 대궐에 초상이 나면 그들은 일반 서민과 함께 여사군(輿士軍)이 되어 국장(國葬)의 행렬에 참가하였다. 이때 백정들은 상복을 입고 여여(靈輿)의 전방에서 방상씨(方相氏)의 대거(臺車) 등을 끌었는데 상당한 은급이 내리게 마련이었다. 그렇기 때문에 그것은 백정으로서 더없는 영광처럼 생각하였다. 기타는 회자수(劊子手), 즉 망나니[亡亂伊]가 되어 사형을 집행한 것일까? 집법(執法)의 기회 균등이 아니라 인간 이하의 천민들에게 천한 역할을 전속시키자는 것이다. 그렇지만 왕족도 대관도 죄를 입으면 백정의 칼에 목숨을 맡겨야 했기 때문에 백정으로서는 최고의 직무나 다름이 없었다.

갖바치 · 관인(館人) · 부백정(副白丁)

그럼 이른바 백정들의 기원을 살펴보자. 수초(水草) 따라 자리를 옮기며 사는 양수척(楊水尺)의 무리가 있었다. 고려로 유망(流亡)한 달단족(韃靼族)의 후예라는데 산짐승 · 물고기를 잡기도 하고 키 · 고리 같은 기류(杞柳) 제품을 만들어 팔았다. 싸움을 즐기고 살생을 잘하던 이 종족은 궁하면 아내나 딸에게 매춘도 시켰고 문화가 저열했다. 그렇기 때문에 불교국 고려의 백성들과 섞이지 못한 채 특수부락을 형성하고 살았다는 것이 백정의 기원을 말하는 전설의 하나다.

그런가 하면 임란 때 귀국하지 못한 항왜(降倭)들이 백정으로 전신했다는 얘기도 있다. 당시 용산창(龍山倉)에 수용된 일본군 부상자들은 전후에 악역(惡疫)이 만연하면서 어딘가로 옮겨진 것만은 사실이다(《선조실록(宣祖實錄)》 기타). 그럼 전설이 말하듯이 그들은 이태원으로 옮겨진 것일까? 원래 이 지명은 상병자의 치료 기관인 지난날의 원(院)이 있었기 때문에 생긴 이름이다. 이 부근에 항왜며 그 자손들이 살게 되자 이태원은 '이타인(異他人)'으로도 표기되었는데, 그 자손이 백정으로 되었다는 것이다.

다른 하나는 두문동 72현의 자손으로 백정의 기원을 삼는 설이다. 나라가 망하자 의관마저 폐하고 두문동으로 숨어 버린 고려 72명의 유신(遺臣)들은 가죽신을 만들어 생활했는데, 그때 가죽신이란 최고의 상류사회에서나 사용하던 귀한 물건이다. 따라서 서민들은 두문동 사람들에게 '값'을 미리 '바치'면서 가죽신을 주문했다. 혜장(鞋匠)을 '갖바치'라 한 것은 미리 이렇게 '값'을 '바치'고 주문했다는 고사에서 유래했다고 한다. 어쨌거나 두문동 72현의 자손은 새로운 왕조의 냉대와 그에 대한 반감 때문에 사진(仕進)하지 않으면서 천민으로 전락해 갔다고 한다.

　이에 대해서 관인(館人:館놈·館努·泮人)들은 성균관과 관련해서 발달하였다. 고려말에 안유(安裕)는 공자묘(孔子廟)의 쇠퇴를 한탄하며 약간의 학전(學田)과 노비 1백 명을 헌납했다. 한양으로 천도하자 성균관도 따라서 옮겨지면서 부속된 노비들도 이주했다. 이들이 새로운 왕조에 화(化)하지 않은 것은 두문동 72현의 경우나 다름이 없다. 따라서 그 노비들은 성균관을 중심으로 일종의 동류 부락을 형성한 채 사회 일반과는 어울리지 않고 살았던 것이다.

　그런데 조선은 산업 정책상 때로 금령(禁令)을 펴서 소의 도살을 금지하였다. 그렇지만 공자의 묘제(廟祭)를 위해서 성균관에만은 특권을 부여했기 때문에 그곳 노비들은 소를 잡을 수 있었다. 그 결과 쇠고기가 필요하면 성균관에서 구할 수 있다는 인식을 갖게 되었다. 그곳 노비들은 일반의 이러한 수요를 위해서 비밀히 도살을 했기 때문에 우육상(牛肉商)은 마침내 관인들의 전매 특허품처럼 되고 말았던 것이다.

　그렇지만 관노(館奴)란 원래 성균관의 노비란 의미일 뿐 소의 도살과는 관계가 없는 말이다. 또 반인(泮人)이라 한 것은 공자묘를 반궁(泮宮)이라 한 데서 유래한 일종의 경칭이다. 그들이 도살에도 손을 대면서, 성균관 동쪽 동숭동 일대의 4백 내지는 5백 호 반인 부락은 지난날 쇠고기 행상인들의 본거지로서 유명했다. 그뿐 아니라 오늘에도 정육점을 혹 고깃간이니 육고간이니 하는 것은—다른 모든 상점은 가게·점(店)·전(廛)일

뿐 유독 정육점에만 '간[館]'이라는 말이 붙는다— 지난
날 쇠고기를 성균관에서 살 수 있었다는 또 관인들이
소의 도살에도 종사했다는 그 유습이라고 설명한다면
잔소리밖에 안 될 것이다.

백정 부락의 생태

이상과는 달리, 기자(箕子)가 8조의 법을 펼 때 범죄
인으로 백정을 삼았다는 것은 전설이다. 또는 단군의
태자 하우씨(夏禹氏)가 도산 만국회(塗山萬國會)에 참
석할 때 수행원에게 임시로 직책을 맡겼는데, 그때 소
를 잡은 자의 자손이 백정으로 되었다는 신화도 있다.
기타는 인도의 천민이, 또는 서장족(西藏族)·예족(穢
族)들이 이주하여 백정이 되었다고도 한다. 어쨌거나
왕년의 백정은 양수척이며 항왜 같은 이민족의 자손이
건, 두문동 72현처럼 정변으로 희생된 자의 자손이건간
에, 천민으로 버림받은 존재라 사회에 섞일 수 없었음
은 사실이었다.

이리하여 백정들은 시장 구석이나 마을 밖, 변두리
같은 곳에 수십 내지 수백 호로 동류끼리 부락을 이루
고 살았다. 이 부락은 백정이 아닌 자로서 들어가 살
수도 없고, 백정으로서 나가 살 수도 없는 특수 부락이
었다. ≪경국대전≫은 '재백정단취'의 조항에서 서민과
백정들의 혼거를 금하는 한편, 백정을 격리하여 마을
밖에 집단 거주케 하는, 즉 도형수처럼 살도록 규정하

고 있었다. 이러한 부락은 삼남으로 갈수록 특히 경상·강원도에 많았다는데, 팔도에 고루 분포하여 어느 군이건 한두 곳 백정촌이 없는 곳은 없었다.

이 부락에서 그들은 도살업이나 제혁업(製革業), 기류(杞柳) 수공업 등으로 주업을 삼았다. 부수된 직업이라면 육고간이며 쇠고기 행상, 설렁탕집이며 개장국집, 제화(製靴)나 제고(製鼓) 같은 피공(皮工) 일이며 초[蠟燭]의 제조판매, 기타 우골·우지(牛脂)의 채취 등이었다. 농업이나 상업에 종사하면 반드시 추궁을 받았는데, 예외로 방임된 것은 조선 중엽이다. ≪경국대전≫이 '안업거생자 부재차한(安業居生者 不在此限)'이라 하여, 자리잡고 사는 자에게 백정 단취(團聚)의 조항을 적용치 않았는데, 그후로는 농사도 할 수 있었다.

그런데 농사를 제한 그밖의 직종이란 천민도 꺼리던 것이니만큼 절로 그들에게 독점된 것이 아닐까? 어쨌든 이들 직종에 대한 독점의식은 철저해서 가령 어느 상민이 백정 줄 보수가 아까워서 몰래 소라도 잡았다 치자. 무리로 몰려들 가서는 '형님은 언제부터 우리와 같이 백정이 됐습니까' 하고 따졌고, 경우에 따라서는 칼부림도 했다. 이럴 때 마을에서는 백정들의 입을 막기 위해서, 즉 '백정 입막앳돈'을 마련하기 위해서 추렴을 하는데, 보통의 보수보다도 몇 곱이 되기도 예사였다.

이리하여 소는 절대로 백정들이, 개·돼지나 양은 상민도 간혹 손을 댔지만 보통은 백정들의 손을 빌려서 도살했다. 이때 도살자는 쇠피·내장·꼬리·족(足)이며 우피(牛皮)로써 보수를 받았으니 지극히 돈이 되는 직업이랄까? 우골·우지의 채취며 고깃간 영업, 또 설렁탕·개장국집은 그네들의 부업이지만 독점되지는 않았다. 또 그들은 값비싼 어느 생활도구도 쓸 수 없었기 때문에 수입에 비해서는 지출이 현저하게 적을 수도 있었던 것이다.

그런데다가 조선 5백 년에 백정 부락에는 관의 손이라곤 미친 적이 없었다. '화외방임'이라 세금도 군포(軍布)도 물지 않았고, 호적이 없으니 호구조사라고 나오지도 않았다. 양반들은 그 특유한 자존심으로 인하여 이 부락의 재물마저도 토색질하기를 꺼렸고, 결과는 그 혹독한 가렴주구를 외면한 채 생업에 안거할 수 있는 행운을 가져왔다. 천하기 때문에 소외된, 그러나 소외됐기 때문에 그들은 조선 사회에서 오직 하나 자본의 축적마저도 가능한 부락이었다.

이 부락에서 비록 소 타고 장가드는 그들이지만 효(孝)만은 다른 어느 부락보다도 철저한 느낌이 없지 않았다. 친상(親喪)을 당하면 비록 때를 거를망정 백정칼을 깨끗이 씻어 선반에 얹고 3년을 곱다시 휴업하였다. 개화가 되자 이 부락에는 갓·탕건·망건과 두루마기·비녀·가죽신 등을 제상에 모시는 풍습이 유행했다. 단 한번도 사용을 못한 채 천하게 죽은 부모네들에 대한 애도이자 공양이었던 것이다.

갖바치, 즉 혜장들은 백정 부락과 가까운 곳에서 역시 집단 부락을 이루고 살았다. 이들은 부백정(副白丁)

이라 해서 백정들에게도 수모를 받았는데, 백정들이 생
피(生皮)를 다루는 반면에 사피(死皮)를 취급했기 때문
이다. 유기장(柳器匠), 이들은 속칭이 고리백정이다.
이 사정을 모르는 일인이 강변에 무성한 한국의 고리버
들을 보고 크게 고리짝 공장을 차렸을 무렵이다. 막대
한 시설 끝에 여공을 모집했지만 단 한 명 응모자도 없
었다. 양갓집 규수라면 강변의 버들에 손 대기조차를
꺼리는 판에 누가 고리백정을 자원했겠는가. 고스란히
망한 채 돌아갔다는 희극도 개화기의 한국에는 거짓 아
닌 사실로 존재하였다.

도축업의 관영화(官營化)

사민(四民: 士·農·工·商民) 평등은 서구의 민주사
상이 아니라도 얼마든지 개화할 수 있었다. 양반 사회
가 부패하면서 국정이 문란해지자 상류층은 더이상 하
천한 계급의 대두를 봉쇄만 할 수도 없게 되었다.
이리하여 새로운 바람은 한말의 사회에 크게 회오리
치기 시작하고 있었다.
동학을 창설한 최제우(崔濟愚)는 비녀 2명을 풀어 하
나는 수양딸로, 하나는 며느리로 삼고 인권 평등의 선
구자가 되었다. 대원군의 정치적 야심은 아무리 미천한
자라도 장기가 있으면 불러서 썼고, 고종 초년에 백정
들은 백정 단취의 조항이 폐지됨으로로써 5백 년, 아니 5
천 년에 처음으로 거주 이전의 자유를 획득했다. 그후

호포법(戶布法)으로 백정도 세금을 물게 되더니, 갑오개혁(1894년)에 의해서 마침내는 백정이란 이름까지도 철폐되고 말았다.

그리고 국가는 종래의 '화외방임'하던 정책을 수정하여 이 직업을 행정의 대상으로 삼기 시작하였다. 즉, 1896년 법률 제1호로서 공포된 한국 정부의 포사(庖肆) 규칙은 육상(肉商)을 농상공부의 허가 사항으로 했지만 도장(屠場)은 지정하지 않았다. 따라서 그 무렵은 성내건 성외건 도처에서, 심하면 대로변이나 다리 밑에서도 도축을 했다. 고종 말엽에 정부가 도장을 지정하도록 했으나 이 상태는 좀처럼 시정되지 않았다.

동대문 밖 또 서대문 밖에 지정된 그것은 얼마를 못 가서 폐지되었다. 대신해서 신설동에 차려진 탁지부가 소관한 관영 도수장, 이때부터 도축업은 백성들의 자유 직업이 아니라 관영으로 옮겨진 것이다. 서문 밖 합동(蛤洞)에도 증설된 것은 1910년에 아현동으로, 이 둘은 1916년에 폐쇄되어 현저동, 또 1925년에는 숭인동으로 옮겼다. 한편 정부는 1909년부터 도장세를 징수했으며, 1917년에는 면(面)이 도장을 운영케 됨으로써 전국적인 관영 체제가 확립되었다.

이리하여 재래의 백정 부락은 다분히 변모하기 시작하였다. 승동도가(承洞都家)는 갑오개혁 무렵에 없어졌는데 이는 백정 조합의 총본산이다. 간부진은 각 고을 백정 부락의 대표 중에서 선출했는데, 총두목인 영위(領位)가 제1 이하 제5까지의 영위를 지휘했다. 이들은 와식(臥食)이라 하여 부하들의 조합비로 생활하면서 평소에는 영업 감독, 분쟁의 해결, 또는 서사(書寫) 같은 공역(公役)에, 또 유사시에는 회자수(劊子手)나 여사군(輿士軍)들을 뽑았다. 평양에는 어가청(於可廳), 기타 부락에는 도중(都中)이라는 조합 기구가 있었지만 비슷한 무렵에 소멸하였다.

그리고 인격에 눈을 뜬 백정들이 전업(轉業)·전거(轉居)를 시작하였다. 그리하여 주민이 줄어만 가던 그 부락에는 전에 없는 광경이 연출되기도 하였다. 즉 순경들이 민적 조사를 가면 크게 잔치가 벌어진 곳이 백정 부락이다. 백정도 호적을 가져야 한다는 1899년의 호적령이 고마워서 호구 조사 간 순검들은 칙사처럼 그 부락의 환영를 받았던 것이다.

그로부터 3년이 지난 1902년, 강원도 간성(杆城)에서 백정 하나가 죽자, 그 동류들은 상계(喪契)의 상여를 빌려 달라고 부락 상민들에게 청하였다. 상민들은 백정 주제에 무슨 상여냐고 언하에 거절했던 것이다.

이리하여 사태는 험악해졌다. 50여 명 백정이 총출동해서 군청을 포위하더니 그들은 군수에게 항의하였다. 사민이 평등한 지금 세상에 상민들의 말을 도저히 들어넘길 수 없다고. 군수가 상여를 빌려 주라고 권했지만 상민들은 말을 듣지 않았다. 듣지 않을 뿐더러, 성군 작당(成郡作黨)해서 겹으로 포위하더니 하나씩 백정들을 끌어내서 강물 속으로 동댕이를 치고 만 것이었다.

군수도 막지 못한 소동은 백정들이 물러감으로써 마

침내 해결이 났다. 그러나 백정들은 물러만 갔을 뿐 가만히 있지는 않았다. 서로 추렴해서 곱으로 찬란한 상여를 만들더니 상민 부락을 가로질러 시위 행진, 물론 그 상여는 박살이 났다.

백정들의 인권 의식과 그에 대한 보수 세력의 반발은 이제 새로운 국면으로 접어들었다. 도처에서 그것은 허다한 충돌 사건을 일으키면서 1902년대의 형평운동(衡平運動)으로 탈바꿈을 해갔던 것이다.

형평과 반형평의 혈투

진주에 이학찬(李學贊)이란 돈 많은 백정이 살았다. 아들을 보통학교에 넣으려고 온갖 노력을 다했지만 결과는 번번이 실패였다. 사민 평등이라고 하지만 백정은 호적에까지도 도한(屠漢)이라 기록되던 시절이어서, 그 두 자 때문에 말썽 끝에 번번이 거절당하곤 했던 것이다.

하는 수 없어서 그는 진주 제3 야학교에다 막대한 기부를 하고 아들을 입학시켰다. 그러자 다른 부형들이 백정과의 공학(共學)이라면 차라리 제 아들을 퇴학시키겠다고 반대했다. 아들은 또 한 번 쫓겨났고, 때마침 신설중이던 일신고보(日新高普)에서 부역 통지서가 왔다. 일루의 희망을 품고 이학찬은 동류 70여 명을 동원하여 성심으로 학교의 정지(整地) 공사에 봉사했다.

그렇지만 이 학교도 일만 시켰을 뿐 백정은 입학시킬

수 없다고 거절했다. 분통이 터져서 이학찬은 당시 신진사상가로 알려진 양민 강상호(姜相鎬)를 찾아가서 백정들의 인권 옹호를 호소하였다. 강씨와 함께, 〈조선일보〉 진주 지국장이던 신현수(申鉉壽)의 호응도 얻어서 발기한 것이 형평사(衡平社)였다. 백정들의 해방운동인 이 조직은 삽시간에 전국에 번져 갔다. 12개 지사와 67개의 분사(分社)가 황해·함경도를 제한 전국에 조직되면서 그 세는 자못 치열하였다.

그러자 농청(農廳)을 중심한 반형평 운동이 일어나고 말았다. 하층 농민과 머슴들의 조합인 농청은 지주와 고용주들의 어용조직인만큼 평소에도 백정을 적대시했다. 이들이 반형평을 시위한 것은 진주에 형평사가 조직된 이튿날인 1923년 5월 14일이었다. 그날 농청원들은 소 한 마리를 끌어다 난도질하면서 쇠고기 불매운동을 결의했다. 이에 대해서 백정들은 별도로 40여 명의 결사대를 조직하고 최후까지 항전을 다짐하였다.

열흘 후인 5월 23일, 진주 24개 부락의 농청 대표자들은 신농회사령(神農會司令)·농청사령(農廳司令) 같은 장기(長旗)를 앞세우고 중안동·대안동·평안동 일대에서 소란을 피웠다. 5월 26일에는 대표 70여 명이 의곡사(義谷寺)에서 형평을 반대하는 5개 조항을 결의했다. 첫째는 형평사에 관계하는 자를 백정으로 대우한다는 것, 둘째는 형평사를 후원한 노동공제회(勞動共濟會) 등을 불신하고 쇠고기 불매동맹을 확인한다는 것이었다. 이들은 '신백정 강상호·신현수·천석구(千錫九)'

라고 쓴 깃발을 선두로 각 음식점을 수색까지 하였다. 만에 하나라도 쇠고기가 발견되면 집에 동댕이를 치면서 철저한 제재를 다짐하였다. 전국 도처에서 백정과 상민들의 치열한 싸움이 계속되었다. 그러자 1924년 8월 3일, 천원군 입장면에서는 백정 하나가 상민의 부탁으로 소를 잡아 주는 사건이 생겼다.

분개한 백정들이 배반자를 끌어다 놓고 회의로써 결의했다.

"우리가 쇠고기 불매운동으로 고통을 당하는데, 상민에게 소를 잡아 준 것은 바로 우리를 죽이자는 짓이 아닌가? 이런 놈은 절대로 살려둘 수 없다."

그런가 하면 경북 예천에서는 형평사 창립 2주년 기념식 끝에 백정과 상민들간에 난투극 사태가 벌어졌다. 그 며칠 후, 상민들의 제3차 습격으로 형평사원 수십 명이 부상, 입원하자 서울의 형평사 본부는 다음 4개 조항을 결의하였다.

첫째, 예천 사건을 중시하여 각 분사에 통지한다.

둘째, 각 분사는 임시총회를 열고 결사대를 선정, 보고하라.

셋째, 충남의 결사대를 제1차로, 정위단(正衛團)의 결사대를 제2차로, 경기의 결사대를 제3차로 예천에 파견하여 최후의 방비로 모든 형평사원이 총출동한다.

넷째, 구호반으로 부상한 사원을 치료시킨다.

당황한 총독부가 형평사 집회 금지의 비상명령을 내린 것은 물론이다.

비록 과격화하는 경향을 우려는 했지만 〈동아일보〉는 형평운동 그 자체에 대해서 '시세(時勢)의 진운(進運)에 적절한 바'라고 환영하였다(1923, 5, 18, 사건). 동년 5월 31일자 사설은 반형평은 '인격의 존중을 모독하는 치론(痴論) 우설(愚說)'이라고 통박하면서 '호상협조(互相協助)의 해결'을 말했다.

형평은 인권운동일 뿐 계급의 투쟁일 수는 없었다. 조선군 참모부는 그래서 '민족주의의 고조와 함께 형평운동은 그 권내에 융합될 운명을 가졌다'고 결론하면서, 그 장래를 경계하였다(〈1924년 7월 19일, 朝特報 제96호 비 조선형평운동에 관한 고찰〉에서).

〈양반은 없소〉라는 속요

형평이 웬만큼 실현된 것은 그후 10년이 지난 1930년대다. 그동안 40만의 백정들은 신분 사회 타파를 위해서 끈질긴 저항을 계속했었다.

갑오 이전인 1888년이다. 수원으로 거동하던 고종이 한 무리 남루한 사람들을 가리키며 '저것이 무슨 병정들이냐'고 하문하였다. 시신(侍臣) 조영하(趙寧夏)가 병정 아닌 백정들이라고 답하자, 고종은 가까이 무리를 불러 정황을 친문하고 백목(白木) 2백 필을 하사하였다.

조선 5백 년에 백정들이 황은(皇恩)에 욕(浴)한 것은 실로 이것이 처음이었다. 그런데 고종은 이 출신을 높은 벼슬에도 등용하였다. 과천 고을 백정인 길영수(吉

泳洙)는 상주 군수며 육군 부령, 철도원 감독 등을 거쳐서 1903년에는 정2품 한성 판윤, 말년에 고종의 칙허를 얻어서 길재(吉再)의 가문을 계승하고 선산(善山)에 이주해 살았다. 그는 또 보부상으로 조직된 황국협회를 지휘하고 독립협회와 대항했는데, 그 무렵 다음 같은 속요가 유행하였다.

내 주머니 양 반(兩半) 중
닷 돈은 길영수가 먹고
닷 돈은 일진회가 먹고
닷 돈은 쪽발이〔일본〕가 먹어서
양반(兩半＝兩班)은 없어졌소

4. 사문(寺門)을 불어간 영욕의 구름

왕에게도 절을 안한 승려

승려가 일단 출가를 하면 일국의 제왕과 부모에게도 배례를 하지 않았다. 오직 부처님에게만 절하는데, 이 법을 어기고 승이 속인(군왕도 부모도 속인이다)에게 배례하면 고려 26대 충선왕(忠宣王) 무렵에는 국법의 제재를 받기도 했다.

따라서 승려는 부처님 아래 임금보다도 높은 특권자였다고 할까. 옛날에는 태자를 제하고 나머지 왕자 중의 하나는 으레 불제자가 되는 법이라, 기타 공경 대부의 자식은 말할 것도 없다. 왕자 중에도 대개 차남이 승이 되는데 예외가 대각국사 의천(大覺國師義天) 같은 경우다. 고려 11대 문종(文宗)의 4남인 의천은 중이 되어 송나라에 수강(受講)하고 돌아와 천태종(天台宗)을 폈다. 그리고 흥왕사(興王寺)의 주지로 있으면서 15대 숙종(肅宗)의 4남인 징엄(澄儼:도명국사(圖明國師))을 손수 낙발(落髮)도 시켰다.

그 시절 불법은 자못 성해서 ≪용재총화≫에 의하면, 대궐과 큰 집이 모두 사찰과 연했었다. ≪오산설림초고(五山說林草藁)≫에는 개경 성중에 이름난 절만도 3백이라고 기록되어 있다. 이들 사찰은 역대 임금도 다투어 건립한 만큼 규모가 굉장해서, 송도 남쪽 덕적산(德積山)의 흥왕사라면 전각(殿閣) 30여 채에 건평이 2천 8백 칸이다. 전후 12년이나 걸려서 이 절이 완공되자 문종은 대궐에서 절에 이르는 20리에 채색줄과 등을 늘이고, 5주야에 걸쳐서 크게 연등대회(燃燈大會)를 베풀었다.

이리하여 왕과 왕후·후궁은 물론 공경대부들도 다투어 불공을 드리는 것이 일이었다. 이를테면 초상이 났을 때 빈당(殯堂)에서 승려가 설경(說經)하는 법석(法席)이라는 의식을 갖는다. 그리고 나면 절에서 '7일재'를 지내는데 부자건 가난한 자건 이만저만 돈을 들이는 것이 아니다. 이때 친척·친구들은 포(布)를 가지고 가서 시주하고 식재(食齋)를 갖는다. 또 기일(忌日)이면 중을 청해서 음식을 고이고 인혼제(引魂祭)를 지내는데, 이것을 승재(僧齋)라 일렀다.

뿐만 아니라 연등회나 우란분회(盂蘭盆會)가 모두 고려에 전승한 불교적 행사였다. 훗날 연등회는 초파일 관등놀이로, 또 지방에 따라서는 풍신(風神)을 모시는 '영등제'로 변했지만, 성할 때 그것은 절·대궐·대신의 집이며 민가에 등을 달고 연사흘 여간 성대한 것이 아니었다. 우란분회는 백중(百中)날 백종(百種)의 과일과 음식을 분(盆:쟁반)에 담아 공양함으로써 망령이 거꾸로 달려 고통받는 것을 구원하는 의식이다. 그런가 하면 윷·화투 같은 오락에도 불식(佛式)이 도입되어서 성불도(成佛圖)란 것이 있었다. 이것은 지옥에서부터 대각(大覺)에 이르는 사이 수십 개의 제천제계(諸天諸界)를 따라 주사위(6면에 나무아미타불 한 자씩이 적혔다)를 던져서 행마(行馬)하는 놀음이다.

이리하여 승려가 일단 가사·장삼만 걸치면 천상·천하에 그야말로 유아독존이었다. 군왕을 대해서도 배를 하지 않으니 부역도 납세도 물론 면제받는 특권을 누렸다. 그런데 사전(賜田)·보시(布施) 등으로 입수한 광대한 사원의 전장(田庄)하며 〈심청전〉에도 나타나는 공양미 3백 석……. 그러니 사원은 봉건 대영주처럼 살이 찔밖에. 최충헌이 세도하면서 사찰에 부역을 자주 과하자 흥왕사의 중들은 불평한 나머지 모반을 꾀하기도 했던 것이다.

그런데 고려 제4대 광종(光宗) 이래로 승려들은 과거 승과(僧科)에 의해서 출세의 길이 열려져 있었다. 교종(敎宗)은 개성 왕륜사(王輪寺)에서, 선종(禪宗)은 개성 광명사(廣明寺)에서 시험을 치는데, 합격자는 대선(大選)이라는 초급 법계(法階)를 주었다. 여기서 승진하면 대덕(大德)·대사(大師)·중대사(重大師)·삼중대사(三重大師)를 거쳐서 교종은 수좌(首座)·승통(僧統)으로, 선종은 선사(禪師)·대선사(大禪師)로 올라간다. 그 이상 국사(國師)나 왕사(王師)가 되면 국가·왕실의 고문이라 정치적인 영향력은 물론 세력 또한 이만저만한 것이 아니었다.

이리하여 승려들은 국리 민복을 좌우하면서 문화를

발전시키는 역군이 되었다. 오늘날 세계에 자랑할 만한 석굴암과 ‘8만 대장경’의 위업! 화폐는 의천(義天)이 건의하여 비로소 사용하게 되었고, 제지의 기술 또한 경서를 간행하기 위해서 승가(僧家)에서 비롯했다고 전해지고 있다.

그럼 여기서 승복의 유래를 언급해 두자. 공민왕(恭愍王) 때 사천소감(四天少監)이던 우필흥(于必興)은 우리의 지세가 수근목간(水根木幹)의 형국이라고 점쳤다. 이 지세에 순(順)하자면 백궁(百宮)과 승·만민이 흑의(黑衣)를 입어야 한다고 상주했는데, 검은 승복은 그 때에 시작된 것이라 한다(≪패관잡기(稗官雜記)≫ 권2).

‘물에 빠진 중’들의 파계담(破戒譚)

그 시절 승려들은 수도에도 엄해서 계룡산 오누이탑의 전설 같은 것을 남겼다. 상원사(上院寺)의 수도승 하나가 호랑이 목에 걸린 뼈를 뽑아 주었다. 은혜를 갚자는 셈인지 범은 처녀를 물어왔는데, 기절만 했을 뿐 이렇다 할 상처가 없었다.

중은 단칸 승방에 처녀를 눕히고 수족을 주물러서 정신을 차리게 하였다. 그렇지만 삼동에 눈이 깊어서 처녀를 돌려보내지는 못했다. 겨울을 방 하나에서 같이 보내고 봄에 처녀를 본집으로 데려다 주자 수도승에게는 사건이 생기고 말았다. 남매로서 깨끗하게 지냈다고 설명했지만, 누구도 수도승의 결백을 믿어 주지 않았던 것이다.

처녀의 부모는 이렇게 된 이상 부부로서 살아 달라고 강청이었다. 그런데 오빠 따라 입산하겠다는 처녀의 소청대로, 상원사에 돌아와 그들은 남매의 의를 변하지 않고 사심없이 평생을 수도했다. 그 둘의 사리(舍利)를 모신 것이 오누이탑이라는 것이다. 이상은 ≪용천담적기(龍天談寂記)≫에도 기록이 있지만 다소 다르게 서술되고 있다.

그런데 승려들의 특권이 비대해지면서 또 사원이 재정적으로 윤택해지면서 상태는 변해 가고 있었다. 부역을 기피한 무리들은 잇달아 산문(山門)에 의탁하였고, 가혹한 세금이 싫어서 전장을 사원에 투탁(投託)하였다. 그런가 하면 승려가 처첩을 거느리면서 탐재(貪財)에 사치를 일삼고, 왕의 신임을 기화로 권력을 남용한 끝에 마침내 신돈(辛旽) 같은 요승(妖僧)까지도 출현시키고 말았던 것이다.

군데군데 골방이 낮에도 칠흑 같았다는 것은 ≪오산설림초고≫가 묘사한 신돈 집의 구조다. 여기서 그는 뭇 사대부의 처첩을 간음했는데, 죄를 씌워 남편을 가두는 데서 일은 벌어진다. 이때 처첩들은 죄를 빌러가는데 대문을 들어서면서 마부를, 중문을 들어서면서 몸종을 돌려보내야 한다. 마지막 안대문을 들어서면 신돈이 혼자 앉았다가 그곳 골방에서 마음대로 음행했던 것이다.

그리고 마음에 차는 여자는 며칠이건 돌려보내지 않았다. 또 거역하는 여자가 있으면 남편을 벌주고 귀양

보내면서 더러는 죽게도 하였다. 때문에 뭇사대부의 처첩들은 남편이 갇히기만 하면 우선 분단장부터 하고 신돈의 골방으로 몰려들었다. 양도(陽道)가 쇠할까 해서 신돈은 백마(白馬)의 하초(下焦)를 잘라 분말로 만들어 먹고 지렁이를 회로 먹었다고 ≪용재총화≫는 기술하고 있다.

이리하여 파계승에 관한 설화는 득도한 명승의 그보다도 결코 적지는 않았다. 그 하나는 괴승 신수(信修)가 남긴 이야기가 있다.

신수가 사는 절 옆에 한 늙은이가 젊은 아내를 데리고 살았다. 때로 신수가 재미도 보는데, 노인은 가난하여 절에 의탁해 살기를 청했다. 그런데 신수는 소행이 변하지 않았다. 셋이 방 하나를 쓰면서 시기도 질투도 않던 중, 여자가 아들을 낳았다. 신수는 노인의 아들이라 하고, 노인은 스님의 자식이라 하면서 그들은 여자가 죽은 후에도 형제처럼 의가 상하지 않았다.

그런데 신수는 술을 즐겨서 고래가 바닷물을 켜듯이 들이마셨다. 누가 술이라 속여서 쌀뜨물 따위를 주면 비록 소의 오줌일망정 단숨에 잔을 비우고는 그 술이 어지간히 쓰다고 입맛을 다셨다. 또 신수는 뭇사람이 보는 데서도 터놓고 고기를 씹었다. 스님 신분에 고기가 당하냐고 나무라면 내가 죽이지 않았으니 상관없다고 말했다.

이 신수는 염불하는 법이 특이해서, 한 차례 독경이 끝나면 목탁을 두들기면서 그 집 망령이 아니라 제 자신의 명복을 빌었다. '신수여 신수여, 왕생정토(往生淨土)하여 살아서는 비록 광패(狂悖)했지만 죽어서는 진실하라'고 한 채 주인에게는 인사도 않고 달아나 버렸다. 또 누가 왜 대처(帶妻)·식육을 하느냐고 물으면 신수는 '나는 세상 사람과 달라서 고기를 먹고 색(色)은 취하면서 물처럼 막히는 바가 없다. 때문에 내세에는 반드시 여래(如來)가 되거나 최소한 나한(羅漢)이 될 것은 분명하다'고 대답했다.

이런 고답적인 파계에 대해서, ≪용재총화≫가 전하는 미욱한 이야기가 있다. 중이 과부집으로 자러가는데, 상좌(上座)는 소금과 콩가루를 물에 타마시면 양기에 좋다고 말했다. 한껏 마시고 과부집으로 가자 배에 천둥 번개 소리가 나면서 아파서 견딜 수가 없다. 엉금엉금 방으로 기어들어서 안절부절 못하는데 과부가 들어와 보니 꼼짝도 못하는 꼴이 답답하다. 왜 바보처럼 그러고만 있느냐고 손으로 밀치자 넘어지는 순간에 쏟아져 나오는 오물! 냄새가 등천하니까 과부는 성이 나서 두들겨 쫓아내 버리고 말았다.

쫓겨난 중이 천방지축 밤길을 가는데 눈에 희끄무레한 것이 보였다. 냇물이로군, 우선에 뒤부터 씻어야겠다고 바지를 벗고 들어가자 냇물이 아니라 모밀밭이다. 투덜투덜 걸음을 옮기는데 한참만에 또 흰 것이 보였다. '육실헐, 모밀밭도 많다'고 발을 옮기자마자 첨벙거리는 물, 옷이 몽땅 젖어 버렸다.

오들오들 떨면서 다리 하나를 지나는데 새벽에 아낙

네들이 술 빚을 쌀을 씻고 있었다. 그런데 중은 입에서 '시어! 시어!' 소리가 절로 나오고 있었다. 똥 싸고 쫓겨 나고 옷 적시고 입맛이 시다는 소리지만 아낙네들에게 는 그렇게 들리지 않았다. 술 빚을 쌀을 씻는데 시다는 소리가 웬말이냐고 달려들어서 젖은 옷을 그나마 몽땅 찢어 버리고 말았다.

주제꼴이 그 모양이라 이젠 오도가도 못하게 되었다. 해는 어느새 한낮인데 배는 고파서 견딜 수가 없다. 고 구마라도 캐어 먹어야지. 그런데 벽제 소리가 요란하더 니 원님 행차가 당도하고 있었다. 엉겁결에 다리 밑으 로 숨어서 문득 궁리한 것이 맛있는 고구마라도 바치면 밥이라도 주실 것 같았다. 불쑥 뛰어나가자 말이 놀라 서 곤두서는 바람에 원님은 낙마(落馬)하고 말았다.

밥은 고사하고 늘씬하게 맞아서 기신을 못한 채 누워 있는데 몇 사람 순검이 지나치다 그 꼴을 보았다. 오라, 죽은 중이 있군! 곤장을 익힐 만하다고 제각기 장으로 두들겨 대는데 숨을 못 쉴 지경이다. 그런데 한 순검이 칼을 뽑아들면서 하초가 약에 좋다는데 우리 도려 가자 고 말했다. 혼비백산하여 산문(山門)으로 도망쳐 가니 밤이라 문은 닫혔다. 그런데 상좌는 사승(師僧)이 과부 집에 갔는데 웬놈이 야단이냐고 나와 보지도 않았다. 할 수 없이 개구멍 신세를 지는데 딴은 사문(寺門)에서 도 심술궂기로 정평이 있는 상좌놈이, 번연히 사승인 줄 알면서, '이놈의 개, 간밤에 법당에 불을 켤 기름을 훔쳐 먹더니 오늘밤에도 또 왔다'고 하면서 작대기로 후

려치더라는 것이었다.

여말(麗末)에 시작된 배불(排佛)의 소리

속담에 '물에 빠진 중 같다'는 것은 꼴이 말이 아닌, 낭패를 보고 허둥지둥하는 것을 가리킨 말이다. 그럼 앞에서 말한 '물에 빠진 중'의 파계담은 지어낸 이야기일 것이다. 그렇지만 그런 이야기가 지어질 만큼 사문이 한때 타락하고 있었다는 것은 엄연한 사실이었다.

사문의 이런 타락에 대해서 비판은 일찍부터 일고 있었다. 관역(官役)과 부역을 피해서 입산하는 무리가 속출하자, 문종 대에는 국가의 역사도 진행하기 어렵게 되어 조정에서도 문제화된 적이 있었다. 공민왕은 어사(御史)의 대계(臺啓)를 받아들여서 향리·아전과 공·사천으로 승문에 피해 간 자를 색출해서 본직에 돌아가게도 하였다. 그렇지만 정당한 승려들은 그때까지도 부역에 종사하지 않았다. 마지막 임금 공양왕(恭讓王) 대에 새로 유학이 발흥하자 숭불하던 생각도 시들해져서, 승려들에게도 개성의 내성(內城)을 수축할 때 처음으로 부역이 과해졌던 것이다.

그후 이성계가 계룡산에 도읍을 차릴 적이다. 국초에 민력(民力)을 너무 소모하면 원망과 부작용이 생기겠기에 그는 민심 수습의 한 방편으로 승려들을 역사에 동원했다. 그러자 세태의 변화를 눈치채고서 더러는 자진해서 부역을 청하는 승려도 없지 않았다. 이른바 원승

(願僧)이라는 것인데, 조생(祖生) 같은 승려는 수천 명 원승의 무리를 이끌고 와서 자진 부역했기 때문에 태조가 후상을 주기도 했다. 태조는 그후 한양으로 도읍을 정하고 궁궐을 닦을 적에도 많은 승려들을 동원하였다.

그런데 배불(排佛)의 상소가 여말에 시작됐다고 하지만 아직도 불사(佛事)는 쇠하지 않았다. 사대부들은 식재(食齋)·칠일재·승재(僧齋)를 지냈고, 심지어 유학자들도 절간 출입이 빈번했다. 그뿐 아니라 태조 자신이 신심이 강해서 무학(無學)을 왕사(王師)로 섬기지 않았던가? 미천할 때 태조는 헐어진 집에 들어가 연목 세 개를 지고 나오는 꿈을 꾸었다. 설봉산(雪峰山) 토굴로 무학을 찾아가서 물으니 왕이 될 길몽이라 공덕을 닦으라고 지시했다. 이리하여 석왕사(釋王寺)를 창건하고 하룻밤에 한 분씩 5백 나한을 업어 모셨다는 것은 이성계가 왕이 된 까닭을 말하는 전설이다.

그리고 태조는 계비(繼妃) 신덕왕후(神德王后)의 명복을 위해서 정릉 곁에 흥천사를 창건했다. 승실 곁에 재사(齋社:절)를 짓는 것은 전조 고려 이래의 풍습이었다. 황화방(皇化坊:지금 정동)에 건립된 흥천사의 비용을 위해서 태조는 전(田) 1천 결(結)을 하사했다. 그뿐 아니라 양산 통도사에서 옮겨진 석가의 진신사리(일부)며 태조가 공력을 다한 12 신장석(神將石) 등은 태조의 신심을 잘 말해 준다. 제3대 태종이 즉위하자 계모 신덕황후의 능은 잊혀졌고, 흥천사도 제10대 연산이 패하고 말았다.

그런데 대궐 안 내불당(內佛堂)은 태종이 철폐했고. 내불당 승려들은 쫓겨났고 내시들도 인왕불(仁王佛)을 몸에 지니지 못하게 되었다. 여러 절에서 전조(田組)를 받아서는 군비에 충당했고, 절의 노비는 각 관아에 분속시켰다. 전국의 절은 242개를 남긴 채 정리되었고, 심지어 왕비 원경왕후(元敬王后)가 죽어도 태종은 능사(陵寺)를 짓지 않았다. 제4대 세종도 배불책을 계승해서 태종이 7개로 줄인 종파를 2개로 정리했다. 마침내 대궐에도 불경 소리가 끊기고 말았다. 그때까지도 대궐을 수직하는 병사들에게는 고려의 유습을 좇아서 대궐 마당에서 불경을 외게도 했던 것이다.

그렇지만 세종도 말년엔 불교에 귀의해서 빗발치는 반론에도 불구하고 내불당을 부활시켰다. 제7대 세조가 또한 신심이 두터워서 원각사를 창건하기도 했다. 그런데 원각사에는 전설이 있다. 세조가 백부 효령대군(孝寧大君)의 법회에 가서 〈원각경(圓覺經)〉을 들을 때 여래가 현신했다는 전설이다. 이리하여 세조는 흥복사(興福寺)의 낡은 건물을 헐고 원각사를 지어 입불(立佛)을 모셨는데 일본 사신이 보고, 왜 하필이면 선 부처를 모셨느냐, 부처가 가시는 형상이라 결코 절이 오래 갈 리가 없다고 말하였다.

세조는 또 재간 있는 승려들에게 원관(院館) 수리도 시켰는데, 어쨌든 승도(僧徒)의 풍기는 그 무렵에 다시 문란해져 갔다. 일반이 또한 두려워해서 승려가 절 아닌 촌락에 섞여 살면서 음행을 하더라도 말을 못했고,

아전도 수령도 감히 승려를 잡지 못했다. 여대에 전장을 절에 투탁하던 것처럼 승려를 이용해서 모리(謀利)하는 자도 생겼고, 유생(儒生)으로서 법당에 발복을 비는 무리도 없지 않았다.

'상사(上寺)'로 놀아난 부녀자들

그럼 여사당(女寺黨)이 자탄한 노래를 여기에 적어보자.

'한산 세모시로 잔 주름 곱게곱게 잡아 입고
안성 청룡사(靑龍寺)로 사당질 가세
이내 손은 문고리인가 이놈도 잡고 저놈도 잡네
이내 입은 술잔인가 이놈도 빨고 저놈도 빠네
이내 배는 나룻배인가 이놈도 타고 저놈도 타네'

조선 시절 흥행과 매춘으로 전국을 유랑하던 사당패는 애당초 절의 노비들로 시작되었다고 한다. 그리고 그 발상지가 안성 청룡사라는 것이다.

그런가 하면 고려가사에 '삼장사(三藏寺)에 불 혀러 가고신대 그 절 주지 내 손목을 쥐여이다'라는 음사(淫詞)도 있다. 세태가 부화했을 때, 또 내외법으로 출입을 제한받을 때, 절은 부녀자들에게 유일한 놀이터였다. 아무리 극성스러운 시어머니라도 며느리가 가족을 위해서 불공을 간다면 말리지 않았다. 며칠씩 묵어 가면서 더러는 승려나 오입쟁이들과 추문도 뿌렸다. 따라서 상사(上寺)란 말을 바람난 부녀자가 절에 가서 음행하는 것으로 생각해도 무방하다. 또 그런 풍조에 편승해서 무위도식하는 탕남탕녀들이 절에 몰려든 것도 사실이었다.

이리하여 제8대 예종 이래로 숭유의 사상도 겸해서 배불의 상소는 빗발치듯 있었다. 양성지(梁誠之)는 근래 사당의 무리가 절을 중심으로 음행하니 단속해야 한다고 말했다. 서거정(徐居正)은 부녀자가 절에 많이들 가고 남승과의 추문도 낭자하니 처단해야 한다고 상소했다. 그런가 하면 낙산사 화주승(化主僧)이 관가·민가에 작폐하니 국문하라는 상소, 권홍(權弘)은 여자들이 회사(回寺:절돌림. 여러 절로 도는 것)·음행하는 상풍(傷風)을 금하라고도 하였다.

이리하여 탄압은 시작되었다. 종래 승려는 승과를 치르고 도첩(승려의 신분증이자 면허장)을 받아야 했는데 승과도 도첩도 중지되었다. 많은 승려들을 환속시키면서 성종은 정업원(淨業院)과 수삼의 절만 남기고 모조리 폐해 버렸다. 성 안의 사찰이 텅텅 비자 건물은 관용(官用)으로 귀속되었다. 제11대 중종 때에는 연산이 파괴한 민가를 재건시키기 위해서 그나마 모조리 헐어서 재목을 분급(分給)하고 말았던 것이다.

'중을 죽이고 살인죄 진다'는 것은 바로 그 무렵의 유행어다. 그 옛날 군주에게도 배하지 않던 귀족이 아니라, 광대·백정처럼 칠천으로 전락해 버린 승려! 불공은 고사하고 중에게 밥 한 끼를 주려는 사람도 없었다. 궁색한 승려들이 유가(儒家)의 환심을 사고자 시(詩)를 청해서 몸에 붙이는 풍습이 생겼는데 이것이 시축(詩軸)의 시작이다.

이리하여 연산은 원각사를 폐하여 운평(運平:기생)들을 관리하는 국(局)으로 만들어 버리고 말았다. 세조가 창건한, 둘레 2천여 보에 기둥만 3백인 원각사가 일본 사신의 예언 그대로 40년 만에 끝장난 것이다(원각사는 1465년에 창건되어 1504년에 폐사되었다). 16대 인조(仁祖)는 승이건 여승이건 성 안 출입을 금하는 한편 여승방을 폐하여 젊은이는 환속, 늙은이는 성 밖으로 쫓아 버렸다. 그리고 20대 경종(景宗)은 남겨진 동서 양교(兩郊)의 승사(僧寺)마저도 허물어 버리고 말았던 것이다.

성 안에 절이라곤 볼 수 없었던 그 무렵, 황진이가 생불 지족신사(知足神師)는 유혹했지만 서화담(徐花潭)은 유혹하지 못했다는 것도 어쩌면 배불숭유의 사상이 빚어낸 허구의 설화일지 모른다. 그렇지만 불교는 부녀자들 사이에 은밀히 성행하면서 심지어는 여승을 통해서 왕비·궁녀들에게도 포교망을 뻗치고 있었다. 11대 중종의 계비 문정왕후(文定王后)는 보우(普雨)를 신임하여 봉은사(奉恩寺)의 주지로 삼고 불교의 부흥을 꾀했다. 아들 명종(明宗:제13대)에게 승과며 도첩제를 부활시키게도 했지만 대세는 막을 수 없었다. 문정왕후가 죽자 도대선사 보우는 유림에게 몰려서 제주도로 유배되고 참형을 받았다.

승군(僧軍)과 개원사 전설

임란 때 서산대사(西山大師)는 순안 법흥사(法興寺)에서 승군을 일으켰다. 격문을 뿌리고 국난을 구하라고 소리치자 삽시간에 1천5백 승려들이 모여들었다.

그런가 하면 제자 사명당(四溟堂)은 강원도 건봉사(乾鳳寺)에서 7백 승군을 거느리고 의병장이 되었다. 처영(處英)은 1천 승군의 장수로 호남에서, 해안은 진주에서 궐기했다. 이들 승군 중에 영규(靈圭)는 공주 갑사(甲寺)에서 기병(起兵)한 5백의 장수다. 의병장 조헌(趙憲)과 함께 청주를 수복하자, 전공을 시기한 관군의 무리가 조헌·영규의 군사를 해산시켜 버리고 말았다. 남겨진 7백의 열세로 왜장(倭將) 고바야카와(小早川)의 대군을 맞아 싸우다 금산에서 전원이 순절하기도 했다.

그런가 하면 사명당은 전쟁 중 왜장의 군막에 드나들면서, 또 전후에 강화사(講和師)로 일본에 가서 피납자 3천여 명과, 자장율사(慈藏律師)가 당에서 가져온 국보급 여래아(如來牙) 10편을 되찾아오기도 하였다. 그는 또 영남 지방에 내려가 팔공(八公)·용기(龍起)·금오(金烏) 등지에 축성(築城)도 했는데 그 호방함에는 왜장들도 감탄하였다. 한번은 가토 기요마사(加藤淸正)와 담판하는데, 가토가 조선의 보배를 물었다. 이때 사명당은 왜장 가토의 머리에 수천 금이 걸려 있으니 그것이 바로 보배라고 답해서 그의 가슴을 서늘하게 하였

다. 그후 인조는 각성(覺性)을 8도 도총섭(都總攝)으로
삼고 남한산성을 쌓게 하였다. 수많은 승려의 힘으로
성을 3년 만에 완공했는데, 성을 지키기 위해서 정규의
수성승군(守城僧軍)을 두게 되었다. 이들 부역(赴役)·
수성승군을 공궤하자고 지어진 것이 망월사(望月寺) 등
9개 사찰과 성 밖 영원사(靈源寺)다. 그 중 개원사(開
元寺)에 얽힌 전설은

어느 가을에 조각배 하나가 스스로 서호(西湖)에 표
착(漂着)하였다. 사람은 없고 ≪대장경≫ 책함 하나가
실려 있는데, 중원개원사개간(中原開元寺開刊)이라는
일곱 글자가 적혀 있었다.

서호의 어부가 상감께 바치자 상감은 '사람 없는 배
가 절로 오는 것은 신령한 조화다. 그 책은 중국 개원
사에서 온 것이니 같은 이름의 절을 찾아서 모시게 하
라'고 말했다. 그후로 개원사에는 ≪대장경≫과 많은 불
경을 두게 됐는데, 현종(顯宗) 때 화약고 폭발로 큰 불
이 일어난 적이 있었다. 이때 바람이 반대쪽으로 불어
서 장경각(藏經閣)만이 불을 면했고, 숙종(肅宗) 무렵
에는 비가 쏟아지면서 불경의 소실을 막았다고 한다.

19대 숙종은 이런 고사를 본받아서 성능(聖能)으로
하여금 북한산성을 쌓게 하였다. 성 둘레 7천6백20보,
비용은 쌀만 1만6천3백81섬이 들었는데, 완공 후 중흥
사(重興寺)를 크게 수축하여 고승을 두고 전국 승군의
총사령부로 삼았다.

이리하여 태조가 공식적으로 시작한 승려의 부역제도

는 이제 상식적인 것이 되고 말았다. 국가는 큰 역사가 있을 때마다 승려를 동원했고, 승려도 민복(民福)을 위해서 당연히 공덕을 닦아야 한다고 생각하게 되었다. 자비승(慈悲僧)은 백성을 위해서 길도 닦고 다리도 놓는 풍조가 생겼는데, 동교(東郊)의 살꽂이다리〔箭串橋〕도 실은 승려가 놓은 것으로 전해지고 있다. 21대 영조는 승으로 성을 지키게 하는 대신 대전(代錢)을 받았는데, 이를 승번전(僧番錢)·승번고전(僧番雇錢) 혹은 고승전(雇僧錢)·의승번전(義僧番錢)이라 불렀다. 이러한 국가적 공로로 하여 승려들은 그 혹독한 탄압에도 불구하고 한때 소강상태를 유지할 수 있었다.

그 무렵에 승려가 되는 길은, ≪경국대전≫에는 ≪심경(心經)≫과 ≪금강경≫ 등으로 시험을 치르고 정전(丁錢)을 바치며 도첩을 받는 절차가 규정되어 있다. 정전은 승려가 면허장인 도첩을 받을 때 군포 대신 납부하는, 말하자면 면허세다. 친족과 이웃은 환속·당차(當差:신분에 따라 차역(差役)에 복종하는 일)할 사유가 있을 때 관에 고하지 않으면 처벌되었고, 승려로서 도첩을 대여 양도한 자도 마찬가지였다. 승과는 매 3년마다 30명을 뽑는데, 합격자를 대선(大禪)이라 했다. 이들이 선종이면 중덕(中德)·선사(禪師)·대선사(大禪師)·도대선사(都大禪師)로, 교종이면 중덕·대덕(大德)·대사(大師)·도대선사로 승진하는 것이었다.

개화기의 승려 풍속도

개화 무렵에 박영효와 김옥균은 순금 막대 네 개를 주면서 범어사(梵魚寺)의 중 동인(東仁)을 일본으로 보냈다. 그 순금 막대를 팔아서 동인은 석유·성냥·램프며 직물 같은 각종 양물(洋物)을 수입했다. 이런 신기한 양물로써 보수파 대감들을 깨우치자는 것이었다. 한편 동인은 일본의 후쿠자와(福澤諭吉)에게서 내외의 정세를 듣고 새로운 생각도 갖게 되었다. 동인이 견문한 바는 민영익(閔泳翊)을 통해서 상문(上聞)에 달하여 1881년에 신사유람단(紳士遊覽團)을 파견하는 계기를 만들었다.

한편 배정자는 김해의 아전이던 아비가 죄로 몰린 후 양산 통도사에 의탁한 시절이 있었다. 구연법사(九淵法師)를 섬기고 우담(藕潭)이란 승명을 얻었는데, 요염한 배정자는 당초부터 불제자가 될 인물이 아니었다. 3년 만에 일인 마스오(松尾)의 손을 거쳐서 동래 부사 정병화(鄭秉和)에게……. 이후 도일한 배정자는 김옥균의 비호로 이토 히로부미를 알게 되면서 정계의 흑막인물로 성장하게 되었다.

그렇지만 그 무렵 한말 평등 의식은 이미 스님들 사이에도 번지고 있었다. 성종 이래 4백 년, 칠천으로 학대받던 원한은 불교의 계명까지도 외면한 채 다투어 속인과 동화하려고 몸부림쳤다. 회색 장삼과 가사는 백색으로 바뀌고 죽립(竹笠)과 승군모(僧軍帽)인 군립(軍

쏠), 송낙(松絡)도 벗어던졌다. 머리는 '파르라니 깎은 머리'가 아니라 약간 길어서 단발형이고, 성도 불가에 통일된 석씨(釋氏)가 아니라 속성으로 돌아가 버렸다.

그러자 1895년의 단발령으로 항간에 중머리 사태가 나고 말았다. 그때까지도 상투의 유무로써 승속(僧俗)은 구별됐는데, 상투를 잘린 양반들은 그야말로 중과 다를 바가 없었다. 속화(俗化)를 바라던 승들에게는 다행한 일이었다고 할까? 상투를 잘리고 돌아오자 어느 여인은 중에게 시집온 사실이 없다면서 심지어 이혼을 발설하기도 했다. 또 '우리네 부모가 나 기를 적에 중서방 주자고 나 길렀나'는 것은 그 무렵 단발령 소동으로 생겨난 속요이기도 하였다.

그렇지만 거창한 불사(佛事)의 유습은 부녀자들 사이에 잔재하여서, 민비는 금강산 1만2천 봉의 봉우리마다 다수한 전곡(錢穀)을 바치고 왕자의 복록을 빌었다. 1920년경부터는 상류층 부녀자들이 저승길을 닦기 위해서 한강 물고기들에게 공양하는 풍습이 유행했다. 섬쌀로 밥을 지어 물에 던지는 것인데, 빈민굴에 기민(飢民)이 우는데 물고기 공양이라니 무슨 말이냐고 식자들은 저마다 규탄하였다.

그런가 하면 연산이 정업원의 여승을 간음하듯이 한때 여승을 간하는 풍조도 있었다. 서울 어느 여승방에서는 승방에 술상을 들이고 여승으로 하여금 술까지 치기도……. 그 끝에 모 시인은 여승 강간사건으로 물의를 일으킨 적도 있었다. 그렇지만 그 사건은 강간이 아니라 화간, 문제된 여승은 파르라니 깎은 머리로 삼청동에 방 하나 얻어서 동거관계에 들었던 것이다.

　그렇지만 불문에 거물도 없지 않았다. 33인의 한 사람으로 끝까지 일제를 거부하던 한용운 같은 사람일까? 여대의 귀족이 칠천으로, 의천의 대각(大覺)이 중엽의 파계담으로. 그러나 그런 번뇌를 거쳐서 불교는 근대화 내지 현대화하는 것이라 할 수 있겠다.

5. 덩더꿍 치는 무당

바리공주의 전설

지리산 어느 절에 법우화상(法祐和尙)이라는 도승이 살았다. 하루는 산골 물이 비가 오지도 않았는데 크게 불어나고 있었다.

의아하게 생각한 그가 물줄기를 따라서 천왕봉(天王峰) 꼭대기에 이르렀다. 그때 눈앞에는 키가 엄청나게도 큰 여자 한 사람, 인간 세계로 귀양을 왔다는 그 여자 성모천왕(聖母天王)은 수술(水術)로써 도승을 유인했다고 고백하면서 연분대로 부부가 되자고 자청하였다.

이리하여 그들은 초가 삼간을 짓고 딸만 8명을 기르게 되었다. 무술(巫術)로써 가르치니, 법우화상과 성모천왕은 무당들이 조종(祖宗)으로 섬기는 신이다. 그 딸들은 금령(金鈴)을 흔들고 채선(彩扇)으로 춤추면서 전국 방방곡곡에서 무업(巫業)에 종사하게 되었다. 아미타불과 법우화상을 외면서, 때문에 후세의 큰무당들은 한번은 지리산에 가서 성모천왕에게 기도하고 신을 받게 되었다는 것이다.

무당의 시작을 말하는 전설에 다시 세 개의 유형이 있다. 그 중 하나는 아왕공주(我王公主)나 바리공주처럼 왕의 딸이 무당이 되었다.

세자가 15세 되던 해에 늙은 국왕 부처는 천하궁 다지박사(天下宮多智博士) 등에게 명하여 세자의 혼인을 점치게 하였다. 세자는 대개년(大開年)을 기다리지 못하고 그 해의 폐길년(閉吉年)에 혼인했기 때문에 딸만 7자매를 두게 되었다.

국왕은 노해서 일곱번째의 공주를 옥함(玉函)에 넣어서 버리게 하였다. 버려진 함은 까마귀가 물어다 3천리 혈해(血海) 속에 던지고, 금빛 거북이 그것을 지고 동해로 달아났다. 때마침 사해(四海)를 주유(周遊)하시던 석가세존의 눈에 띄어서 공주는 걸식공덕옹구(乞食功德翁嫗)에게 양육되었던 것이다.

공주가 15세 되던 해에 국왕 부처는 병이 고황(膏肓)에 들었다. 공주를 버린 죄과라고 점괘가 나왔다. 어느 날 꿈에 청의동자(靑衣童子) 6명이 나타나서 '옥황상제의 분부받고 생명을 구하러 왔다. 공주를 찾아서 삼신산의 불사약, 무상신(無上神)의 약령수(藥靈水), 동해용왕의 피레주(酒), 봉래산의 가얌초(草), 아나산의 구설초(狗舌草)를 구해 먹으면 소생하리라'고 말하였다. 예부대신(禮部大臣)이 공주를 찾으러 길을 나서자 까마귀가 인도하여 서역(西域)으로 데려갔던 것이다.

공주는 15년 만에 생부모와 첫 대면을 하게 되었다. 그리고 태중(胎中) 10개월의 공덕을 생각해서 약을 구하러 나선다. 석가가 도와서 도착한 곳은 동서남북에 청·백·홍·흑의 유리문이며 중앙에 정렬문(貞烈門)이서 있는 나라, 거기에 무상신선(無上神仙)이 지키고 있었다. 약값을 안 가지고 온 공주는 무상신선의 명령으로 3년을 물 긷고 3년을 불 때고 3년간은 나무를 베는 고행을 시작한다. 그동안 공주는 신선과 혼인하고 7명의 아들을 두었다.

어느 날 공주는 은수저가 부러지는 꿈을 꾸고 부모의 사망을 짐작하였다. 휴가를 청하자 신선은 공주가 긷던 물이 약령수요, 베던 나무가 골소생(骨蘇生)·육소생(肉蘇生)이라고 일러 주면서 가지고 가라고 하였다. 국왕 부처는 그 약을 마시고 재생한다. 상을 거절한 공주는 청하여 만신(萬神:무당)의 왕이 된다는 것이 바리공주의 전설이다.

제2의 유형은 귀족의 여자가 무조(巫祖)로 되었다는 전설이다. 열두거리 천신굿〔12祭次의 薦新實新〕이 11번째 제차(祭次)로 접어들면 무당은 다리꼭지에 남색 신옷〔神衣〕을 입고 부채·방울을 들고 만명에게 치성을 드린다. 만명은 여자의 영(靈)이자 무당들의 수호신인데, 김유신(金庾信)의 어머니 만명과 동일인이라는 전설이다. 함흥(咸興) 지방의 무당들이 섬기는 함흥마누라·함부인(咸夫人)·함흥만명도 고관의 부인으로 여겨지고 있다.

제3의 유형은 왕이 무제(巫祭)를 허락한 데서 시작되었다는 전설이다. 옛날에 무녀들이 왕에게 쫓겨서 달아날 때 아왕(我王)이란 군수가 퍽 동정을 베풀었다. 감격한 무녀들은 '아왕 만세'를 부르면서 군수가 왕이 되

기를 축원했다. 왕이 된 군수가 무제를 공인했기 때문
에 무당들은 지금도 '아왕 만세'를 부른다는 것이다.

기우제·오방용제(五方龍祭)·해괴제(解怪祭)

어쨌거나, 무속(巫俗)은 기원이 확실치 않은 반면 현
실에는 뚜렷한 발자국을 남기고 있다. 우선 조선은 전
조(前朝) 고려의 제도를 모방해서 단을 쌓고 제례(祭
禮)하는 풍습이 있었는데 이는 정부의 행사다. 그 중
명 태조(明太祖)를 모신 대보단(大報壇)은 외교적인 의
미가 있고, 선농단(先農壇)이며 선잠단(先蠶壇)은 산업
적인 의미가 있다고 치자. 성황단(城隍壇)의 성황신과
여단(厲壇)의 역신(疫神)은 분명히 무당도 섬기는 신이
다. 그뿐 아니라 풍운뇌우단(風雲雷雨壇)이 모시는 풍
사(風師)·우사(雨師)·뇌사(雷師)·운사(雲師), 악해
독산천단(嶽海瀆山川壇)이 섬기는 명산·대천·대해,
영성단(靈星壇)의 일월성신(日月星辰), 노인성단(老人
星壇)의 남극노인성(南極老人星), 사한단(司寒壇)이 섬
기는 수우신(水雨神)인 현명씨(玄冥氏), 마조단(馬祖
壇)의 마신(馬神), 마제단(禡祭壇)의 군신(軍神) 치우
(蚩尤) 등이 무가(巫家)의 신과 통하는 혹은 원시 종교
적인 신들이었다.

그럼 중사(中祀)·소사(小祀)로 취급되던 이들 신에
대한 제사의 관리를 보기로 하자. '무릇 제사 기일은 예
조에서 기일 3삭 전에 계문(啓聞)하고 경외(京外)의 각

아문에 이문(移文)한다'고 ≪경국대전≫ 제례의 조항은 기록하였다. 이 조항에 의하면, 제사는 정기·부정기적인 2종이 있다. 전자는 2월과 8월 상순의 풍우·뇌우·악(嶽)·해독제(海瀆祭)며 마조제(馬祖祭)·영성제(靈星祭)·노인성제(老人星祭)·명산대천제·사한제(司寒祭)·마제(禡祭) 등이요, 후자는 기우·기설제(祈雪祭)며 지진이 있을 때 여는 해괴제(解怪祭), 또 황충포제(蝗蟲酺祭)이자 충재(虫災)를 막는 고사다. 여제(厲祭)는 청명(淸明)과 7월 15일, 10월 1일에 정기적으로 지냈고, 악역이 창궐하면 그때마다 수시로 지내기도 하였다.

제관은 국왕이 친림하는 경우, 이조나 예조의 판서가 주제(主祭)하는 경우도 있었다. 기설제는 초차(初次)에 종묘·사직과 북교(北郊)에 정품관리를, 재차(再次)에는 풍운·뇌우·산천·우단(雩壇)에 정2품관을 파견했고, 삼각산·남산과 한강에는 근시관(近侍官)을 파견했다. 기우제는 초차 이후 12차까지도 행하는 경우가 있었다. 당하 3품관하며 종2품·정2품관·근시관, 의정대신(議政大臣)들을 매차마다 규정대로 삼각산·한강, 각 단과 종묘 등지에 파견하였다.

≪용재총화≫에는 기우제 지내던 모습이 비교적 세밀하게 설명되어 있다. 날이 가물면 성내 5부(部)로 하여금 개천과 도랑, 밭둑길을 고치게 한 후 종묘·사직과 4대문에 차례로 제를 지낸다. 그리고 오방용제(五方龍祭)를 지내는데 동서남북교(北郊)에 청·백·적·흑룡(黑龍)을, 중앙 종루가(鍾樓街)에 황룡(黃龍)을 각각

만들어 제관(당하 3품관)으로 하여금 3일간 치제하게 한다.

또 한강 상류 저자도(楮子島)에서도 용제를 지내는데 이때는 도류(道流)로 하여금 용왕경(龍王經)을 읽게 한다. 호랑이 머리를 만들어 박연폭포며 양화진의 물에도 던지고, 창덕궁 후원과 경회루, 모화관(慕華館) 연못가 세 곳에는 이른바 석척동자(蜥蜴童子)도 동원시킨다. 수십 명 청의동자(靑衣童子)가 도마뱀을 잡아 물독에 넣고 버드나무 가지로 독을 두들기면서 징을 울리고 소리친다. '도마뱀아 도마뱀아, 구름을 토하고 안개를 토하고, 억수같이 비가 쏟아지게 하면 놓아 주리니 돌아가라'고. 그렇게 소리치는 청의동자들이 소위 '석척동자'다. 이 행사는 헌관(獻官)과 감찰(監察)이 관(冠)과 홀(笏)을 정제(整齊)하고 3일간 계속한다. 성내 각 집은 물병에 버들가지를 꽂아 분향하고 아이들은 무리지어 비를 부른다. 시장은 옮겨지고, 남문을 닫는 대신 북문을 개방한다. 가뭄이 심하면 상감은 전(殿)을 피하며 수라를 줄이고, 북을 울리지 않으며, 원옥(冤獄)을 조사해서 억울한 무리를 사면하였다.

그런데 ≪용재총화≫가 전하는 기우제에는 무속과 통하는 점이 많다는 사실을 주목하자. 첫째는 가뭄을 용왕의 조화로 생각하는 사고방식이다. 호랑이 머리를 물에 던지는 것은 용과 범을 싸우게 하여 비를 오게 한다는 것이 역시 주술적인 작위(作爲)이다. 그뿐 아니라 비록 무당이 참여했다는 기술은 없지만, '석척동자'들의 청의는 무당의 울긋불긋한 '신옷'을 연상케 한다. 또 그들이 징을 울리며 물독을 두들기는 행위도 입으로 외는 소리도……. 성 안 집집마다 단지에 물을 담아 버들가지를 꽂고 분향하는 것은 무당들의 '수살대〔守殺竿〕'와 정수(淨水)를 연상시킨다. 그리고 근본적으로 용왕 자체가 무가의 신이 분명한 것이다.

임금과 무당의 함수 관계

이밖에 선조가 건립한 동묘(東廟), 명나라 장군 진인(陳寅)이 건립한 남묘, 특히 진령군(眞靈君:무당 이름)이 건립하여 고종이 중영(重營)한 북묘에 이르러서는 완전무결하게 무사(巫祠)라고 했다.

관우(關羽)의 영인 관성제군(關聖帝君)은 무가에서 중히 대접하는 영웅신이다. 관제(關帝:관성제군)에 대한 신심은 왕실뿐 아니라 후궁(後宮)과 민간에도 자못 깊어서 그 묘는 도처에 건립되었다. 그 중 동·서·남·북묘는 왕실이 건립한, 또는 제사한 관제묘라 비용은 국고에서 지출했다.

무당이 왕실에 단골을 대면 그것은 국가의 기관처럼 되곤 하였다. 이러한 접촉은 상대로부터 있은 듯, 예컨대 《삼국유사》에는 백제 의자왕이 무자(巫者)에게 괴이한 일을 물었다는 등의 기록도 보인다. 즉 '백제 말엽에 왕은 땅 속에서 거북을 파냈다. 거북의 등에는 백제는 만월이요, 신라는 신월(新月)이라 적혀 있었다. 무

자가 만월은 기울고 신월은 차리라고 답했기 때문에 왕
은 무자를 죽여 버렸다…….' (≪삼국유사≫ 太宗春秋公
條) 또 신라 제2대 남해왕(南海王)의 존호인 차차웅(次
次雄)은 무(巫)를 의미하는 방언이라는 역시 ≪삼국유
사≫의 기술이다.

고려에는 무당의 폐해가 상소로써 논의될 만큼 이미
성행하였다. 왕실은 국립 무사(巫祠:國巫堂)를 세우고
별기은(別祈恩)이라는 치성을 드렸다. 여말의 문신 김
자수(金子粹)의 소(疏)에는 이러한 장소가 10여 개 이
상이라고 지적되었는데, 국가는 가무에 능한 무당들을
대궐에 두어 수시로 무희(舞戲)를 하게 하였다. 또 소
위 '나라당주〔國堂主〕'들은 왕실에 출입하는, 또는 국립
인 국무당(國巫堂)의 당주로서 지극한 신임을 받고 있
었다.

조선은 ≪성호새설(星湖僿說)≫이 지적하듯이 '대내
(大內)로부터 주읍(州邑)에 이르도록 모두 주무(主巫)
가 있었다.'

대내의 무당은 이른바 '나라무당' 또는 '나라당주'들이
다. 이들은 대궐의 무제(巫祭)를 주재하면서 더러는 정
치에도 영향을 미친 사람이 없지 않았다. 주읍의 무당
은 소위 '안무당〔內巫女〕'이라는 관선(官選)의 무당들이
다. 주읍의 성황당이며 관부(官府)의 부(府)를 지키고
당군(堂君)으로 관제(官祭)에 참가했는데 그 남편들은
관노의 자격으로 장악원(掌樂院)의 소속이다. 이들은
관청의 의식에는 음악을, 아내의 무업(巫業)에는 무악

(巫樂)을 연주하면서 주읍에 대제(大祭)가 있으면 탈춤과 광대놀이에도 종사하였다.

그럼 유명한 강릉의 단오굿으로 예를 들자. 음력 3월 스무날 호장(戶長:향리의 수위자)과 부사색(府司色)·수노(首奴)·황성직이며 안무당들이 목욕재계하고 신주(神酒)를 봉입(封入)함으로써 절차는 시작된다. 이 굿은 4월 1일·8일·15일·27일, 5월 1일·4일·5일·6일의 소위 8단오날에 행하는 굿인데, '선왕신대〔城隍神竿〕'로 대관령의 산신을 맞아 읍내의 대성황당에 모시는 관제이다. 따라서 신주는 먼저 호장이, 다음은 부사색·수노가 바치고 황성직이는 종헌관(終獻官)이 된다. 관선 무당인 안무당을 비롯하여 수십 명의 무당·재인이 참가하지만, 그들은 호장을 주로 하는 주제자의 보좌인에 불과한 것이다.

그럼 대궐에서의 무제를 보자. 총기(寵妓) 월하매(月下梅)가 병사했을 때 연산군은 후원에다 크게 굿판을 벌였다. 비빈(妃嬪)·선기(選妓)를 거느리고 신전(神前)에 나아간 연산은 골백번 절을 하면서 무당의 축언을 경청하였다. 이토록 굿을 좋아한 연산은 급기야는 자신이 무당이 되어 무가(巫歌)에 무당춤을 추면서 생모 폐비 윤씨의 신이 오른 상태를 보였다. 백악사(白岳祠)에 올라가서 무당춤을 추곤 했기 때문에 뭇신하들이 폐비 윤씨의 원혼 탓이라고 수근거렸다(≪연산군일기(燕山君日記)≫ 을축 9월條, 기타).

상감이란 체모에 꼴이 이러니 비빈, 신하들이야 말해

뭘하랴. 송악신사(松岳神祠)에서 굿판이 벌어진 어느 날이다. 종2품 개성유수란 자가 나서더니 무당과 더불어 노래하고 춤을 추었다고 ≪상촌잡록(象村雜錄)≫이 기록했다. 그때 굿에 필요한 일체의 물건은 역체관(驛遞官)이 공급했다고 한다. 또 상감께 환후가 있으면 승려·무당들이 경을 읽으면서 인정전에서 빌었다고 역시 ≪상촌잡록≫이 기록하였다.

이리하여 송악신사는 국초 이래로 지극히 성황이었다. 성종 때 대신이 엄금할 것을 말했지만 전날의 폐습은 고쳐지지 않았다. 귀족과 부상(富商)들은 다투어 굿판을 크게 벌였고, 전물(奠物:供物) 수레며 굿거리 장단은 길에 가득했다. 아무튼 한번 굿을 하는데 어중간한 부자 파산할 만한 비용이 들었다. 특히 문정왕후 무렵에 이것이 성해서 관인(官人)·궁녀들의 걸음이 끊이지 않았다고 ≪송도기이(松都記異)≫는 말하고 있다.

그 결과 한말의 어느 무당은 봉군(封君)까지 받으면서 정치적인 실력자로 등장하였다. 민비가 장호원으로 피했을 때 이(李)모라는 무당은 환궁할 날짜를 예언하였다. 예언대로 8월 망일(望日)에 환궁하자 민비는 그 무당을 진령군(眞靈君)으로 봉하고 북묘(北廟:관제묘)를 지어 살게 하였다. 혜화동에서부터 북으로 낙타산(駱駝山)과 삼각산 계곡 물이 마주치는 부근 길에는 그 많은 전물과 금은보화를 실은 수레가 첫새벽부터 끊이지 않았다. 관왕(關王)에게 발복이 아니라, 벼슬을 구하는 무리가 진령군에게 바치는 뇌물이었다.

이리하여 출세한 대표적인 인물이 이유인(李裕寅)이다. 김해 출신 천민인 이유인은 진령군이 세도한다는 소문을 듣고 꾀를 내었다. 귀신을 부리고, 비와 바람을 맘대로 한다는 소문을 놓자 탄복한 진령군이 만나기를 청했다. 이유인은 미리 부랑배들과 짜고 진령군을 산중으로 모셔내었다.

밤은 깊어 삼경인데, 이유인이 동방청제장군(東方靑帝將軍)을 부르자 한 귀신이 문득 등대하였다. 물론 이유인과 약속한 부랑배가 귀신 형용을 하고 나온 것이다. 남방적제장군(南方赤帝將軍)을 부르자 또 한 귀신이 나타났다. 일약 양주목사가 된 이유인은 진령군과 모자(母子)의 결연을 했지만 실은 정부로 삼았다는 소문이다. 어쨌든 그는 진령군의 끈으로 법무대신 경무사가 됐지만 이런 예는 그뿐이 아니다. 공경·대부들이 다투어 누이로 수양모로 삼았는데 판서 조병식(趙秉式), 후영사 윤태준(尹泰駿), 기타 부지기수다(≪매천야록(梅泉野錄)≫).

주당살(周堂殺)을 물리는 제차(祭次)

민간은 무당을 섬기는 품이 더했다. 인간 만사가 귀신의 조화인데 무당은 귀신들과의 대화가 가능한, 그야말로 살아 있는 만신(萬神)이었다.

즉, 무당이 섬기는 만신 중에서 아침에는 일광제석(日光帝釋)이 태양을 황금반(盤)에 담아서 들어올린다.

달이 뜨는 것은 마찬가지로 월광제석의 조화다. 수명은 칠성님·노인성(老人星)에게 빌어야 하고 아기는 삼신 할머니가 점지한다. 병은 주당살(周堂殺)·대감살(大監殺)·상문살(喪門殺)·영산살(靈山殺)·군웅살(軍雄殺)과 홍역귀(紅疫鬼)·맹인귀(盲人鬼)·호귀(胡鬼)·마마 같은 악귀의 장난인데 사살군웅(射殺軍雄)·상산별 군웅(上山別軍雄) 같은 군신이 살귀(殺鬼)를 물리친다. 집은 성주대감〔成造大監〕·터줏대감이 지키고 대문은 수문장께서 보초한다. 굴뚝을 지키는 굴때장군, 아궁이 의 소시랑각시, 창문의 문각시도 노하면 동티〔動土〕를 일으키는 힘이 있었다.

이리하여 전염병이 창궐할 때도 약보다는 푸닥거리를 일삼았다. 그러니 천연두로 죽은 송장을 사람들은 끌어 묻는 법이 없었다. 가마니나 거적으로 둘둘 말아서 지 게로 운반해다 높은 소나무 가지에 덕을 매는 것이다. 이것이 심하면 대문간 바로 위에다 죽은 송장을 열흘이 건 스무날이건 달아매는 집도 있었다. 마마귀신에게 이 집은 이미 마마귀신이 다녀갔다는 것을 표시하기 위해 서, 혹은 돼지를 바치듯 죽은 송장을 귀신에게 제물로 바치는 인신공여(人身供與)의 유습이었다.

그러고는 '마마배송(媽媽拜送)'을 비롯한 일정한 행사 를 지냈다. 발병한 5일 만에 피부에 두반(痘斑)이 나타 나면 식상(痘床)에 정한수를 떠놓고 두신(痘神)에게 기 도한다. 기도가 끝나면 무당이 '식문(痘門)'을 가두는 데, 천연두로 죽은 자의 영(靈), 즉 식문을 체포·감금하는 행사다. 바구니에 붉은 팥 한 줌을 담아 마루 밑에 놓고 시루로 덮는다. 이로써 식문은, 원한을 품고 두신 곁으로 모여든 사자(死者)의 혼백들은 꼼짝을 못하게 되는 것이다. 시루 구멍은 질그릇 조각으로 막고, 감금된 동안은 가족처럼 대우해서, 하루에 세 끼니를 가운데 구멍으로 제공하였다.

이리하여 발병한 지 12일로부터 13일에 걸쳐서 두신을 떠나 보내는 행사가 마마배송이다. 두신이 타고 갈 '상마(上馬)'를 만들어 백반·마부의 행하, 과일을 싣고 마부를 선정한다. 이때 전물은 떡에 붉은 팥을 쓰고 '마마시루'에만 흰떡을 쓴다. 격식대로 열두거리굿을 하는데 '주당살(周堂殺)을 물리고' '가망을 청배(請拜)'하는 등의 제차가 끝나면 상마(上馬)·식문(瘧門)·호귀(胡鬼) 본풀이의 특별 행사가 5·6·7번째 제차로 끼어든다. 무당과 마부가 문답한 끝에 마부는 상마를 들어다 먼 곳 나뭇가지에 걸고 무당은 식문을 해방한다. 이런 중심 행사가 끝나면 대감·제석(帝釋)·창부(倡夫) 등을 위한 제차며 '뒷전'은 순식간에 그치고 마는 것이다.

이런 식의 병굿 외에도 '상문(喪門)풀이', '집가심' 기타 굿의 종류는 하나둘이 아니다. 민가는 터줏대감·신주(神主)대감·업(業)대감 들을 위한 초사(草祠)를 뒷마당에 모시고 초하루와 보름마다 '술고사'를 지냈다. 정월의 횡수(橫數)막이며 2월의 풍신제(風神祭), 3·4월의 잎맞이·꽃맞이 같은 천신(薦新)굿 종류며 가을의 안택(安宅)굿·터고사·대감놀이·지신제(地神祭)가 있었다.

길가는 사람은 홍제원 너머 성황당에서 조도제(祖道祭)
를 지냈고, 과거객은 남산 와룡사(臥龍祠)에서 공명(孔
明)의 혼백에 기도하였다.

무당사회의 특이한 생태

그렇지만 무당들은 종교적인 천민에 지나지 않는다.
지배 계급을 위해서 신을 부르고 위로하는, 따라서 신의
사도가 아니라 상류층에게 사역을 당하는 무리다. 사역
을 당하기 때문에 광대·창부(唱夫)나 옥졸과 마찬가지
로 칠반천역이다. 칠천인 무당들은 상류층과도 평민과
도 동등할 수 없는 위치에서 특이하게 생활해 왔다.
　즉, 무당의 피가 섞인 집안은 소위 '산이'의 혈통이라
해서 상인(常人)도 혼사를 꺼렸다. 때문에 그들은 같은
무가 출신과, 또는 재인·광대 같은 층과의 동류 혼인
을 계속해 왔다. 무당이 일반 상·평민과 결혼했다면
아내인 무당의 수입을 노리는, 예외없는 정략결혼이다.
때문에 세상에는 아내에게 얹혀 살려는 게으르고 무기
력한 서방을 두고 '무당 사위'라 하는 풍습도 있었다. 또
재인·광대가 무당을 아내로 삼으면 아내의 무업을 도
와서 무악(巫樂)을 담당하게 마련이었다.
　그래서 무당의 직업은 철저하게 세습되게 마련이었
다. 대체로 무당이 되는 시초는 '신이 들린다'는 일종의
강신(降神) 현상을 거쳐서 된다. 이렇게 시작된 무당
가문은 몇 대를 지내는 동안 무가로서의 전통을 형성하

게 된다. 이들은 '단골'을 가지며, 또 직업적·사회적 특수성으로 인하여 대대로 무당을 세습하였다. 세습이 아닌 무당들은 소위 '선무당'이라 해서 엄격하게는 사이비들이다.

그런데 무당사회가 지닌 또 하나의 특성은 조선의 남성 전제(專制) 속에서도 여권 만능을 유지해 왔다는 점이다. 한국의 무속을 연구한 일인 학자 아키바(秋葉隆)는 무당이 한 집의 가장이라는 태도로써 손님을 대하고, 남편은 아내에게 돈 얼마를 얻어서 손을 대접할 물건을 사러 가는 광경도 가끔은 목격했다고 저술하였다. 또 강원도 강릉의 어느 선무당은 딸과 남편에 대한 호령이 얼마나 전제 여왕과 같은지를 판단하기에 충분했다고도 말하고. 무가에서 굿의 주재자(主宰者)는 무당이요 무악을 하는 남편은 보조자라, 전도된 직업적 기능, 경제적 기능은 가정에서 부부의 권한마저도 뒤집어 놓기에 충분하였다.

이리하여 무당의 세습이란 것도 실은 모계(母系)로의 계승인 것이다. 즉, 신이 들린 강신현상에 사로잡힌 여자는 어느 무당에게 입양됨으로써 신어머니〔神母〕·신딸〔神娘〕의 관계를 형성한다. 양모가 사망하면 신딸은 그 신당(神堂)과 단골·장구(裝具) 일체를 물려받는다. 신딸은 신어머니의 아들과 결혼하여 대를 잇는데, 혈육인 딸이 있어도 무당 직업은 신딸에게 물리는 경우가 적지 않다. 또 사내 무당(박수무당)들도 신어머니를 정하고 입양하는데 더러는 사위도 겸하게 된다. 그들은

노후에 신어머니의 딸인 아내에게 무사(巫事)를 의탁하
고, 아내는 신딸을 정해서 무당직을 물려받게 하는 것
이다.

여장(女裝)한 사내무당의 추문

　여말의 정승 한종유(韓宗愈)는 어릴 때 대단히 방탕
하였다. 부랑배 수십 명과 작당하여 굿판이란 굿판은
휩쓸면서 온갖 망나니 노릇을 도맡아 했다. 무당 치마
밑을 들추고 전물은 겁탈해서 먹었다. 한번은 손에 옻
칠을 잔뜩 하고서 남의 집 빈소(殯所)에 숨어들었다.
젊은 과부가 와서 통곡하여 남편을 부르는데, '나 여기
있소' 하고 한종유가 시꺼먼 손을 휘장 틈으로 내밀자
과부는 귀신이 왔다고 도망쳐 버렸다. 굿판에서, 취하
면 손뼉을 치고 '양화사(楊花辭)'를 불렀기 때문에 세상
은 그들을 양화도(楊花徒)라 하였다(≪용재총화≫).
　그런가 하면 ≪청구영언≫에는 다음의 노래가 적혀
있다.
　'갓스물 선머슴 적에 하던 일이 다 우습다. 아랫녘 주
장(酒場)들과 알간나희며 개성부 통직이와 덩덕궁 치는
무당년드리 날 몰래라 할 이 뉘 이스리. 우리도 소년
쩍 마음이 어제런듯 하여라.'
　무당을 접하면 재수가 없다는 항간의 관념에도 불구
하고 여기서는 그들이 작부·유녀(遊女)·통직이(찬비
·식모)들과 한가지로 취급되고 있다. 봄맞이나 꽃맞이

같은 유락적인 치성 끝에, 동제(洞祭)며 단오굿·별신 제 같은 부락·고을의 행사 끝에, 춤 잘 추고 노래 잘 하는 젊은 무당들은 부랑배·불량 소년들의 호기심을 자극하기에 충분했으리라.

이리하여 개화기 이후에는 무가의 딸들이 전통적인 동류혼을 기피해서 기생으로 많이 진출하였다. 1932년 10월의 조사에 의하면 광주 권번 21명 중 6명, 남원 권 번 10명 중 4명의 기생이 무가 출신이다. 또 기생들 중 에서는 굿판으로 가서 신(神)옷을 걸치고 춤을 추는 무 리도 있었다. 성주풀이, 창부타령, 무당노래가락이 기생 들의 특기이던 것도 이런 데에 연유가 있을 것이다.

이리하여 비교적 근래에도 존속한, 예컨대 전남의 나 주 신청(神廳)은 한때 기생들의 음악 강습소 역할도 담 당했다. 그렇지만 이것은 전남의 장흥 신청, 서울의 노 량진 풍류방처럼 원래는 무부(巫夫)들의 조합이다. 경 기 재인청(才人廳)은 무악(巫樂)과 줄타기 등으로 생업 을 삼는 재인·광대들을 조합원으로 하면서 무당에게까 지도 손길을 뻗쳤다.

조선 중엽에 낭중(郞中)·양중(兩中)이라 하던 사내 무당들은 심지어는 여자로 변복하고 문벌가의 내실에 출입하였다. 추문이 자자했기 때문에 전라도 관찰사 권 홍(權弘)은 상소문을 올렸다.

'민가에서는 굿을 할 때 여자 무당을 부르지 않고 양 중(兩中)이라는 사내 무당을 부른다. 주가(主家)며 참 회인(參會人)들은 공손하게 영접하여 위로하며 밤을 세위 가무로써 신에게 제사한다. 남녀가 서로 섞여서, 음담패설과 음란한 작희는 감히 못하는 노릇이 없다. 손뼉을 치고 웃어대면서 쾌락으로 위주(爲主)하는데, 소년배며 수염 없는 자들은 여복으로 변장하여 분단장하고 민가에 출입하는 것이다. 무당들과 섞여 있다가 기회를 보아 남의 아내와 간음한다.'

그런가 하면 연산 때 시강관(侍講官) 정인인(鄭麟仁)도 상소하였다. '하삼도(下三道)에서는 굿을 함에 낭중(郎中)이라는 사내 무당을 부른다. 추문이 자자한데, 심지어는 여복으로 변장하여 출입하는 무리도 있다.'

그 무렵에 세태는 부화(浮華)하여서 부모가 죽으면 빚을 내어 손님을 청해다 밤새껏 먹고 떠들고 소란을 피웠다. 죽은 시체를 즐겁게 한다고 해서 오시(娛屍)라 했는데, 상가에서 밤을 새우는 것은 그 유습인지도 모른다. 또 낭중들의 풍습은 근래에도 박수무당들이 여복(女服) 위에 신옷을 걸치는 데서 남겨진 흔적을 볼 수 있겠다.

성황당에 불지른 사람들

무가의 풍습은 그럼 종교일까, 단순히 미신일까? 이 문제는 필자도 모른다 하고 종교학자들에게나 맡기자. 어쨌든 무신(巫神)을 부인한 무용담은 상대에도 적지 않아서 그 하나는 ≪기옹만필(畸翁漫筆)≫이 말한 다음의 서술이다.

신장이 8척에 담력이 출중한 천연(天然)이란 중이 있었다. 지리산을 지나는데, 천왕봉 아래 산신당의 영험이 대단하다는 소문이다. 치성이 소홀하면 미처 5리를 못 가서 사람도 말도 쓰러져 죽는다든가. 콧방귀만 뀌고서 그대로 지나쳤는데 5리를 못 가서 말이 과연 쓰러져 죽었다.

노발대발한 천연은 죽은 말을 끌고 산신당으로 되돌아왔다. 하필이면 사당 안에서 말을 잡아 온통 벽에다 문질러 버리고 말았다. 주먹을 휘둘러 신상(神像)을 모조리 파괴하고는 사당마저도 불을 질렀다. 마지막 기와 하나가 잿더미 속으로 무너지자 그후에는 변괴가 없어졌다는 것이다.

≪동각잡기(東閣雜記)≫는 또 관에서 부군당(府君堂)을 모시던 기록을 전하고 있다. 작은 사당에서 지전(紙錢)을 총총히 걸고 모셨는데, 관부(官府)마다, 법사(法司)에도 이런 사당이 있었다고 한다. 어효첨(魚孝瞻)이 집의(執義)로 부임하자 하급배들은 전임자가 정성껏 치성하던 내력을 말했다. 어효첨은 부군이란 웬놈의 북어 대가리냐고 하면서 송두리째 불을 질러 버렸다.

그뿐 아니라 송도부의 생원 강씨(姜氏)는 40명 유생들을 거느리고 송악신사(松岳神祠)에 불을 질렀다. 결과는 감옥행인데, 이때 개성유수 심수경(沈守慶)도 난동을 막지 못했다는 죄목으로 문정왕후의 견책을 받았다(≪송도기이(松都記異)≫).

송악신사란 것은 개성 덕물산(德物山)의 장군당(將軍

堂) 등을 말함일 것이다. 최영 장군을 모셨는데 이곳의 도당(都堂)굿은 해방 전까지도 유명했다. 인왕봉 국사당(國師堂)에 산(山)맞이를 올린 부녀자들은 덕물산 장군당에 가서 '물고'를 받아 왔다. 즉 백지에 도장을 받아 왔는데, 덕물산 참배에 빠지면 '상덕(上德)'을 입지 못하는 것으로 생각했다.

6. 밤에 피는 꽃

기생방 외입의 절차와 격식

제 돈 쓰고 외입을 하는 데도 절차며 경우가 까다로 웠다. 기생집에서, 기생 있는 방으로 들어가자면 우선 조방군(助幇軍)에게 통기를 하는데, 조방군이라면 기가 (妓家)에서 손의 안내며 교함(交含) 일체를 주선하는, 현재의 비서 직무와 비슷한 일을 한다. 이때 선객(先 客)이 없으면 기생은 문을 열고 나와서 손을 맞는다. 그렇지만 방에 선객이 있으면 선객이 들어오라고 승낙 한 후에 기생은 앉은 채로 손을 맞는다.

이리하여 순조 때 좌포도대장이던 서춘보(徐春輔)가 15세 초립동으로 기방에 첫발을 들일 적이다. 방에 가 득한 오입쟁이들은 그가 오는 꼴을 보자 곯려 줄 작정 을 하고 제각기 드러누워서 말이 없었다. 그런데 서춘 보가 문을 열더니 당돌한 수작.

"기생방인 줄 알고 왔는데, 여긴 활인서(活人署)의 염병막(幕)이로구나!"

염병쟁이가 되기 싫다면 일어나 앉을 수밖에 없었다. 이래서 제1탄이 빗나간 오입쟁이들은 그 다음 제2탄을 발사하였다.

"여보 어린 양반, 어느새 기방 출입이라니 너무 이르지 않소?"

"이르다니요! 내 저녁을 먹은 지도 한참 됐는데, 댁들은 그럼 아침부터 여기에 오셨소?"

이쯤 되면 손을 들게 마련인 것이 오입쟁이들의 이른바 경우다. 청해 들여서 같이 놀기를 허락하니, 서춘보는 오입쟁이로 공인받고 데뷔했다는 격일까? 이후 그는 그 나이에 기둥서방까지 하면서 풍류로 평생을 벗하다 마침내 근세 제일의 오입쟁이로 지목받는 사람이 됐던 것이다.

이와 같이, 기생 손에 술이라도 받아 먹자면 첫째로 응구 첩대(應口輒對)가 능해야 했고, 둘째는 경우·절차와 법도에 맞춰서 처신이 가능해야 했다. 돈은 그러고 나서 제3의 문제다. 그런 생리를 몰라서 수작이 경우에 벗어나면, 기방에서 축출은 물론 심하면 머리가 터지고 다리가 부러지는 봉변도 면할 수 없었던 것이다.

그런데 기생방 수작이란 것이 실로 묘한 곳에서 꼬투리를 잡히게 마련이었다. 이를테면 키 작은 어느 기생이 나불나불 말솜씨가 좋았다 치자.

"그 기생 키는 꼭 담뱃대만한데 말 한번 재간 있게 하는군!"

악의 없이 한 감탄이다. 그런데 좌중의 한 오입쟁이가 그 말을 받아서 항변이었다.

"여보 양반! 아무리 천한 기생이지만 담뱃대만하다니, 너무하지 않소?"

그 유명한 기생방 시비가 붙은 것이다. 실지로 담뱃대까지 대령시켜서 대어 보자커니 말자커니, 대어 보아서 한 치라도 크기만 하면 치고받는 판국이 되는 것이다. 그렇지만 이런 위기는 기생의 기지로 수습되는 수도 있어서, 유독 긴 담뱃대를 대령하거나 묘하게 자세를 조작해서 장죽(長竹)만한 키를 꾸몄다 치자. 시비를 따진 쪽의 오입쟁이가 축출을 당하거나, 좌우간에 술 한 상이 들어야 했던 것이다.

이런 식의 수작은 기생 대 오입쟁이 간에도 마찬가지였다. 즉, 어느 좌석에서 손이 기생에게 말하였다.

"여보게 기생, 물 한 그릇 청험세."

이때 대령한 숭늉 사발에 밥알 한두 개가 떴다고 하자. 그릇은 기생에게로 곤두박질치면서 오입쟁이 호통이 서릿발 같다.

"이런 배워먹지 못한 것! 내가 그래 시장한 꼴로 보였어? 밥찌끼를 가져오게! 그러고도 기생패(牌)를 차다니 원!"

이리하여 기생들은 의복·패물을 비롯한 일거일동이 격에 맞고 조심스럽지 않을 수 없었다. 정월은 숙사나 국사에, 2월이 관사, 3월은 여의사, 4월은 숙인이요 5월이 생수, 6월 당항라에 7월은 조사, 8월이 생수요 9월이 숙인, 10월은 여의사·길상사에 11월이 숙사나 국사, 12월은 모본단……. 치마는 긴 것을 땅에 끌리지 않도록 살짝 들어서 입되 외로 두르지 않았고, 버선은 발보다 작게 기워서 뒤꿈치에 걸치게 신었다.

그리고 달마다 바뀌는 옷감이지만 금패물이 없이는 무늬 든 것을 걸치지 못했다. 왜냐하면 금붙이도 없이 중뿔나게 무늬옷이 당하냐고 시비를 잡혔으니까. 그뿐 아니라 어쩌다 부러운 눈매로 잘 차린 동료 기생의 옷을 보았다 하자. 못 입었으면 못 입었지 뭘 천덕스럽게 남의 옷만 넘보느냐고 덜 떨어졌다는 핀잔을 면치 못했다.

서방을 떼이는 기생방 형벌

그런데 기생집에서는 장작을 들이지 못했다. 잎나무라 해서 솔잎·가랑잎으로 불을 때는데, 어느 무식한 기생이 멋모르고 장작짐이나 쌓았다 치자.

"이년아! 오입쟁이 싸움 붙여 놓고 홍두깨 찜질하는 꼴을 보자고 장작을 들여?"

하고 기둥서방의 볼기나 종아리에 장작 뜸질을 가하기가 일쑤였다.

이것이 기생방에서 이른바 '서방을 떼이는' 형벌이었다. 기생이 처신 혹은 오입쟁이 대접을 실수했을 때 기둥서방에게 책임을 묻는, 따라서 기둥서방도 웬만한 품(品)으로는 못했다 할까? 이럴 때 기생은 기둥서방을 감싸고 돌면서 죄를 빌어 형벌의 중지를 애걸했다.

그리고 '파방(破房)'이란 것은 좀더 실수의 도가 컸을 때 가해지는 형벌이다. 기생집 세간살이 일체를 때려 부수고 마당으로 밖으로 동댕이치는, 그렇지만 파방은 여간한 경우가 아니면 또 여간 자신있는 오입쟁이가 아니면 좀처럼 못하는 노릇이었다. 기생이 끝내 사과하지 않으면 그것으로 그만이지만, 일단 사과하면 그 즉시 부순 가구 일체를 새로 장만해 주어야 했기 때문이다.

그뿐 아니라 기생이 화간(和姦)을 하면 이른바 '기생 발을 벗기는' 형벌을 받아야 했다. 이것인즉 버선발을 벗겨서 기생을 맨발로 한 채 노란 수건으로 허리를 동여서는 큰 길로 호명(呼明)하며 몰고 가는 것이다. 당시 여자들은 맨발 보이는 것을 대단한 수치로 생각해서, 비록 남편이 보는 앞에서라도 평생에 버선을 벗지 않았다. 그러니 크나큰 망신이라 할밖에. 이 형벌은 또 오입쟁이 대접이 심히 법도에 벗어났을 때 '서방을 떼이는 벌'로는 부족해서, 직접 기생에게 가하는 것이다. 그리고 죄의 질에 따라서는 버선을 벗기는 대신 치마를 벗겨서 단속곳 바람으로 조리를 돌리기도 했던 것이다.

이러한 형벌과는 달리, '찢지'는 기생이 오입쟁이에게 가하는 것이었다. 기생방 노름채란, 외상이라면 사흘을 한도로 하고 갚게 마련인 것이다. 이 법도를 어기고 기한 안에 갚지를 못했다면, 노상에서 의관을 찢고 망신을 주는 것이 이른바 '찢지'라는 형벌이었다.

이리하여 지난날 기생방이라면 근래의 영화의 한 장면처럼 그렇게 화려한 곳이 아니었다. 삼층장이나 경대는 고사하고 목침도 화로도 들일 수 없었다. 세간살이라면 윗목 천장에 매어달린 대소쿠리가 하나, 그 안에 기생이 밑천으로 삼는 의복이 들어 있었다. 기생이 경대와 삼층장을 가졌다면 손을 맞는 방이 아닌, 따로 별실(別室)에 모셔 두게 마련이었다.

경우 다툼, 호기 다툼 끝에 툭하면 치고받는 소동이 났기 때문이다. 이럴 때 장작개비라면 마치 알맞은 무기요, 목침도 청동화로도 던져 사람을 다치게 했다. 그 바람에 박살이 나는 것은 삼층장이며 경대였다. 원래 기생방이라면 '호굴(虎窟)'로 불려진 만큼 소위 오입쟁이들의 기세가 보통이 아니었다. 기둥서방들은 소위 운현 청직(雲峴廳直)이니 대궁(大宮) 청직이니 하는 명목으로 파당을 지어서 세를 다투다 생사를 가리지 않는 싸움을 벌이기도 하였다.

때문에 사대부 가문의 자제들은 사랑(舍廊)놀음으로 가무나 접할까 기생방 출입은 물론 동침은 더구나 쉽지 않았다. 기생방 출입은 소위 오입쟁이들, 즉 각전(各殿)의 별감과 포도군관, 궁가(宮家)의 청직이, 또 무사(武士)·정원사령들이 거의 독점했는데, 별감배 중에도 대전별감들의 세도가 으뜸이었다. 따라서 석순(席順)으로 보더라도 그들이 상좌인 아랫목 차지였다. 그렇지만 기둥서방 노릇을 하는 별감들은 체면상 기생방 출입을 삼갔다. 기생방 단골은 기생을 데리고 살지 못하는, 즉 기둥서방이 못된 별감들인데 이들을 '홀아비 별감'이라고 불렀다.

기둥서방과 기생오라비

'홀아비 별감'이라고 하지만 기생 아닌 본처는 있게

마련이다. 기둥서방 노릇을 못하기 때문에 엄연히 아내를 두고도 '홀아비 별감'이라고 했다. 이런 칭호에서 알 수 있듯이 별감들은, 또 포도군관과 청직이·무사들은 반드시 기둥서방 노릇을 해야만 위신이 섰다. 또 기생들은 모두 기둥서방의 전속이어서, '기생 구실을 떼자면', 즉 기적(妓籍)에서 이름을 뽑고 살림을 들이자면, 기둥서방에게 몸값을 바치고 승낙을 얻어야만 했던 것이다.

그래서 기생들은 반드시 기둥서방의 이름을 붙여서 이름이 불려지게 마련이었다, 즉 '이만돌(李萬乭)의 매향(梅香)'이라는 식으로. 원래 한국에 고유한 풍속은 기생 성을 묻지 않고 이름만으로 통하는 것이었다. 천한 존재라 성을 물을 만한 상대가 못 된다는 외에 또 하나는 동성(同姓)이기를 꺼려서였다. 이 법은 고종 말엽에 무부기(無夫妓)들이 등장하면서 기생조합이 생기자 '다동 조합(茶洞組合)의 향심(香心)이'로, 또 권번 시대로 들면서 원적지에 성이 붙어서 '평양 기생 백운선'이 됐던 것이다.

그런데 기생은 원래 서방을 두는 법이 아니었다. 즉, 당초에 관기(官妓)를 둘 때 국가는 그들이 서방을 두는 것을 금지하였다. 따라서 제11대 중종 무렵만 해도 기생서방에 관한 제도가 논의됐을 때 유순(柳洵)은 불가하다고 했다.

제21대 영조는 태평 40년이라 대궐에 경사가 잦았다. 진연도감(進宴都監)이 앉으면 모자라는 가무(歌舞)

기생의 정족수를 지방에서 뽑아 올림으로써 충당했다. 그런데 진연에 뽑혀서 참가하는, 즉 '진연 참례(進宴參禮)'하는 기생에게는 '가자(加資)' 이외에는 이렇다 할 금전의 지급이 없었다(국경일에 어전에서 춤추는 것을 진연한다고 했다. 이때 가무가 능한 자에게는 통정가자(通政加資)니 가선가자(嘉善加資)니 해서 정3품·종2품의 자격을 주는데 이를 '가자한 기생'이라 한다). 따라서 여비, 기타 비용 일체가 자부담인데, 가령 가례(加禮)로 말하자. 위생반(衛生斑) 자격으로 행렬에 참가하는 기생은 화초마(花草馬)에 고운 안장을 실어서 타는데, 마부부터가 능라(綾羅)로 아래위를 감았다. 따라서 기생된 보람이요 명예라 생각했지만, 그 많은 차비 때문에 끼이기는 좀처럼 쉽지 않았다.

이리하여 호협한 자들은 진연 참례하러 온 지방기생을 위해서, 혹은 돈없는 기생을 위해서 뒷배를 보게 되었던 것이다. 의복과 패물, 말, 안장, 마부 일체를 장만해 주되 그 기생의 차림새가 으뜸이란 소리를 들음으로써만 만족했다. 뿐만 아니라 진연을 치르고 귀향하려면 붙들어 앉히는 사람도 없지 않았다. 집을 사주고 세간·집물을 배포하면서, 기생 구실은 시키지만 의식(衣食)·월절(月節)은 책임을 져서 기생서방이라는 이름이 생겼던 것이다.

기둥서방 제도가 생긴 애당초의 동기가 협기(俠氣)이기 때문에, 초기의 기생서방이자 기둥서방들은 개결하기가 말할 수 없었다. 손을 받게는 하되 그들은 기생이 받는 해의채(解衣債:花債 또는 花代)에는 손도 대지 않았다. 또 '기생 구실을 뗄' 때도 그들은 남자가 해준 패물, 의복과 세간살이 등에는 조금도 개개지 않았다. 개개기는 고사하고, 생일날 버선 한 켤레를 만들어 바쳤다는 죄목으로 기생을 쫓아낸 기둥서방이 있었다던가.

그런데 풍속이 변했다. 기둥서방에도 계급이 생겨서 대전별감과 각궁 청직이들이 약방(藥房) 기생을, 형조 서리나 포도대장이 상방(尙房) 기생을, 금부나장이며 정원사령들이 혜민서(惠民署) 기생을 데리고 살게 되자, 그들은 파당과 싸움을 일삼은 끝에 기생방 그 자체를 호굴로 만들어 버리고 만 것이었다.

이리하여 근세 기생에게는 다섯 가지 '잊을 수 없는 것'이 있었다. 그 첫째는 처녀를 바친, 즉 '머리를 얹어 준' 남자다. 둘째는 비록 돈은 없어도 잘생긴 남자, 여기에 셋째 정력가라는 자격까지 겸하면 그야말로 금상 첨화(錦上添花)이다. 넷째는 돈 잘 쓰는 한량, 즉 '봉'이다. 이들은 대개 다섯째 '죽기보다 싫은 남자'라는 자격을 겸비했는데, 속담에 삿갓을 씌우지 못하면 명기(名妓)가 아니라는 말이 있었다. 가산을 탕진한 자가 의관 조차도 갖추지 못하고 갈삿갓〔蘆笠〕을 썼기 때문에 소위 '삿갓 쓴다'는 말이 생긴 것이다.

그런데 그 재물은 모두 기둥서방의 소유로 돌아가는 풍조가 생긴 것이다. 그들은 부잣집 난봉 자제들을 호려서 돈 1백 냥에 피륙 몇 필을 끼워 최초의 해의채로 받았다. 두번째는 '갱자(更字)'라 해서 그 3배의 금품,

세번째는 '별래청(別來請)'이다. 봄이면 밀화(蜜花)요 여름에 비취, 가을은 산호, 겨울에 금패물을 받는데, 약과·문자액(紋紫腋)·두루마기. 토수(吐手)나 극상품 갖옷인 호백구(狐白裘:여우의 겨드랑밑 흰 털로 된 갖옷)를 끼워서 청구했다. 또 '기생 구실을 떼자'고 해도 집과 세간살이 일체가 숫제 대궐 같아야 했던 것이다.

그후 기둥서방이 없어지면서 기생오라비·기생어미가 등장했지만 상태는 변하지 않았다. 그들은 제 누이 제 딸의 몸에 솥도 걸고 냄비도 걸고, 쌀뒤주며 기와집까지도 만들어 내었다. 기생들도 솜씨가 능란해져서 가죽만 남기고는 새로운 봉으로 옮아갔다. 김동인의 중편 〈여인〉을 보면 노산홍(盧山紅)이라는 기생이 등장한다. 김동인이 '내가 만약 이담에 거지가 되면 어떡헐 테냐'고 물었을 때 산홍은 웃으면서 대답했다. '나는 변ＸＸ이 같이 당신 곁으로 인력걸 타고 지나가지'라고! '변ＸＸ이'는 그 소설 앞 대목에 등장하는 Ｐ라는 오입쟁이를 거지로 전락시킨 기생이었다.

역대 왕조의 기생 정책

그럼 기생의 역사를 살펴보자. 월왕 구천(越王勾踐)은 과부며 음행한 여자를 산상(山上)에 격리시켜서 뭇 군사들에게 놀게 하였다. 한무제(漢武帝)는 영기(營妓)를 두어 아내 없는 군사를 위로했고, 당대(唐代)에 기생은 더욱 성해서 최영흠(崔令欽)은 ≪교방기(敎坊記)

≫를, 황설사(黃雪蓑)는 ≪청루집(靑樓集)≫을 저술했다. 또 당현종(唐玄宗)은 추운 겨울에 관기로 측근을 옹위케 하여 어한(禦寒)을 했다는 기록이 있다.

한국에서는 천관녀(天官女)의 설화가 아마도 오래된 것인가 한다. 소년 김유신이 어머니의 간곡한 훈계로 방탕을 끊었다. 다음날 말 위에서 졸고 오는데 말은 전에 다니던 길을 따라 천관사(天官寺)에 이르렀다. 천관녀가 울고 매달리면서 그간의 무정을 원망하는데, 김유신은 칼을 뽑아서 말의 목을 끊어 버리고 돌아갔다는 것이 그 설화의 대략이다.

그후 고려 태조는 삼한을 통일하면서 백제의 유민인 무자리(楊水尺:고기잡이 하는 천민)들을 관노·관비로 삼았다. 그 중 자색 있는 자를 뽑아서 가무를 배우게 한 것이 고려 여악(女樂)의 시초라고도 한다. 11대 문종(文宗)은 연등회에 기생을 도입했고, 24대 충렬왕(忠烈王)은 각 고을의 군기(群妓)를 선상(選上)케 해서 교방(기생 학교)에 두고 가르쳤다. 또 31대 우왕(禑王)은 밀직 이종덕(李種德)의 기첩(妓妾)을 강탈해서 궁에 들게도 했고, 칠점선(七點仙)·연쌍비(燕雙飛)·소매향(小梅香) 같은 총기를 옹주(翁主)로 봉하기도 했던 것이다.

조선은 고려의 제도를 계승해서 여악을 두고 궁중 내연(內宴)에 사용했다. 즉, 진풍연(進豊宴) 또는 진연(進宴)이라는 것이다. 뿐만 아니라 각 고을 관아에도 관기를 두어 동헌을 지키는 이른바 수청기생을 만들었다. 그 무렵 감사가 도임하는 날에는 고을의 4,5백 명 관기가 총출동해서 감사를 영접하는 풍속이 있었다. 녹의홍상을 떨쳐입고, 나귀 타고 풍악을 잡히며 지화자를 부르는 기생 행렬이 무려 10리에 연했다고도 한다. '장림오월녹음평(長林五月綠陰平)인데 십리쌍교권마성(十里雙轎勸馬聲)이라, 영제교두삼백기(永濟橋頭三百妓)는 황삼분작양행영(黃衫分作兩行迎)한다'는 것은 기생이 평안감사를 영접하는 광경을 읊은 신광수(申光洙)의 절구(絶句)이다.

그런데 기생 폐지론은 당시라고 없지 않았다. 제3대 태종 11년에 이 문제가 등장하자 뭇 중신이 찬성했는데, 하윤(河崙) 한 사람이 반대했다. 기생을 폐지하면 화가 양가의 부녀자들에게 미친다는 논리인데, 후세 사람은 하윤이 색중아귀(色中餓鬼)라 그 문제를 반대했다고 기술했다. 그런가 하면 재상 배극렴(裵克廉)은 기생 설매(雪梅)에게서 혹독한 욕을 먹었다. 태조가 개국 공신들에게 잔치를 베풀 때 배극렴이 설매에게 수작하였다. '너는 동가식 서가숙한다는데 내게도 좀 천침(薦枕)을 들라고……. 설매는 응구 첩대하기를 동가숙 서가식 하는 천기가 왕씨(王氏)를 섬겼다 이씨(李氏)를 섬겼다 하는 대감과 어울리면 짝이 맞겠다'고 했던 것이다.

그후 연산은 태평을 상징한다고 해서 기생을 '운평(運平)'으로 고쳐 부르게 하였다. 간신 임사홍(任士洪)을 시켜서 각 고을 미색은 처건 첩이건 강탈하여 선상케 했는데, 그 벼슬 이름이 채홍사(採紅使)이다. 이렇게 뽑아 올린 운평들은 대내(大內)에 든 자를 계평(繼平)이니 속홍(續紅)이니 홍청(興淸)이니 하는 무리로 중대 편성을 했다. 맑은 홍을 자아낸다는 뜻인 홍청들은 그 중 지밀한 자를 지과(地科) 홍청, 은총을 입은 자를 천과(天科) 홍청이라 불렀다. 또 홍청을 뽑아 올리는 관리를 호화첨향사(護花添香使)라 했는데, 대신으로서 그런 소임을 맡으면 홍준체찰사(紅駿體察使)라고 불렀다.

이리하여 연산은 양주·파주·고양의 모든 읍을 폐하여 놀이터로 삼고 그야말로 멋대로 홍청거렸다. 그리고 그들 운평이나 홍청들이 거하는 집이 연방원(聯芳院)·함방원(含芳院:남치원의 집)·뇌양원(蕾陽院:제안대군 집)·진향원(趁香院:견성군(甄城君)의 집) 등이다. 기생이 전용하는 병원은 흠청각(欽淸閣)이요 기생 줄 식료품 창고가 호화고(護花庫), 거기서 공식(供食)을 담당한 관리가 전비사(典備司)다. 기생 입은 의복은 상서롭다고 해서 아상복(迓祥服), 또 아상복을 지어 바치는 관청이 포염사(布染司), 운평이 늙으면 두탕호청사(杜蕩護淸司)라는 기생 양로원에 수용·보호했고, 은총을 입은 자는 특히 회록각(會綠閣)에 두어서 호강을 시켰다.

기생들의 황금시대는 중종반정으로 종막을 고했다. 연산이 실정한 끝이라 그 폐지론이 가장 성했던 것도 중종 무렵이다. 서리 맞은 기생들이 인조 시대를 전후하여 부활하면서 근세, 대원군은 자색 있는 기생을 골라 운현궁(雲峴宮)에 번(番)을 들이니, 즉 '운현궁 대령

기생'이다. 또 대원군은 자신이 파락호(破落戶)·난봉 시절을 거쳤던 만큼 기생방 사정에도 밝아서 이런저런 개혁이 적지 않았다. 머리 얹는 비용은 1백20냥을 넘을 수 없고, 삼패(三牌)는 안경·난교(煖轎)며 수혜(繡鞋)를 쓸 수 없게 환원시킨 것 등이다. 원래 관기는 교자(轎子)를 타고 비단 장옷으로 얼굴을 가리게 마련이다. 풍속이 해이해서 장옷이 금지된 삼패조차도 관기와 복색을 구별할 수 없는 것이 그 무렵 현실이었다.

매창불매음(賣唱不賣淫)이라는 기생도(妓生道)

나카이와 게이샤가 수입된 경로는 이 책의 '최초의 요정 정문루'에서 상술했다. 청일전쟁을 전후하여, 한국에 돈벌이가 좋다니까 너도 나도 들떠서 밀항까지 하고 잠입한, 아무튼 한다는 작자들이다. 이들은 소공동이며 태평로·구리개·낙동(駱洞)이자 현 명동 입구와 일신(日新)초등학교 부근의 상가·주택가에도 출몰하면서 제각기 매춘에 종사했다. 당시 이러한 지역은 대낮에도 점잖은 부녀자가 통행을 못할 지경이었다. 청국인 상대로 하는 값싼 창녀가 있는가 하면, 하룻밤에 천 원이나 만 원을 부르는 고급 창녀도 없지 않았다.

얼마 후 철도가 생겨 영남 기생과 강계 기생들이 서울로 서울로 몰려들더니 행랑어멈 딸 복순이까지도 양금(洋琴)채를 잡고 날뛰는 세상. 이런 부류는 진고개 일대에 범람하는 왜갈보들을 본받아서, 또 기생으로서의 전통적인 수련도 없었던만큼 그 품격이 저열하였다. 따라서 개화기 이후의 기생들은 춤도 노래도 못하는 속칭 '벙어리 기생'들이 적잖았는데, 그렇다고 시세가 떨어진 것은 아니다. 춤도 노래도 모르는, 역시 속칭 '귀머거리 오입쟁이'들이, 얼굴 하나 반반하면 그만이라고 들이덤비는 탓이었다.

그렇지만 '매창불매음(賣唱不賣淫)'으로 통하는 한국 고유의 기생도(妓生道)는 결코 그런 것이 아니었다. 기생도 '통정가자(通政加資)'를 하면 금관자·옥관자를 다는데 얼굴 하나로 행세가 될까? '기생은 양방(兩房)이요 오입쟁이는 사처(四處)'라 했다. 그 무렵 양방 기생인 약방(藥房)·상방(尙房) 기생이 되자면 별감이나 포도군관, 청직이며 무사 같은 소위 '사처 오입쟁이'들에게, 또는 각 고을 사또에게 발탁됨으로써 장악원(掌樂院)에 이름을 걸고 가무·예절을 배우는 과정이 필요했다.

그리고 연공을 쌓은 자가 약방에 배속되어 궁중의 의료 행위를 보좌하는 한편 진연을 드렸다. 그보다 못한 상방 기생은 상의사(尙衣司)에서 대궐의 의복을 지으면서 내연(內宴)에도 참가했다. 공조나 혜민서 기생은 더 격이 떨어져서 서민의 구료(救療)에도 종사했는데, 약방 기생은 상방 기생들에게 또 상방 기생은 공조나 혜민서 기생들에게 '하게'를 하는 법이다. 따라서 일패(一牌) 기생인 약방·상방 기생이 되기란 일국의 재상이 되기보다도 쉽지 않아서 소위 '기생 재상'이란 말에도 그러한 의미가 없지 않았다.

이리하여 지난날 기생은 침구의술(鍼灸醫術)과 가무·예절에 능했을 뿐더러 시·서(書)에도 달통한 사람이 적지 않았다. 고을은 고을대로의 특기가 있어서 안동은 추로지향(鄒魯之鄕)인만큼 기생도 ≪대학(大學)≫을 외지 못하면 행세를 못했다. 관동(關東) 기생은 〈관동별곡〉을 잘했고 영흥(永興)은 이태조의 고향이라 기생들도 〈용비어천가〉를 불렀다.

그리고 그들은 무엇보다도 몸을 지키기를 목숨만큼 중하게 여겼다. 손을 받되 아무나 받는 것이 아니라, 지체가 떨어지면 천금을 바쳐도 기생 문안에 들이지 않았다. 따라서 '기생 재상'이란 말에는 기생들의 코가 일국의 재상만큼이나 높았다는 의미도 포함될까. 지체가 떨어지는 축은 이패나 삼패를 찾았기 때문에 '2패. 3패 오입쟁이'로 천시당했다. 이런 자를 받으면 기생도 격이 떨어졌고, 양반도 2패·3패 오입쟁이로 호가 붙으면 다시는 1패를 찾지 못했다.

은군자(隱君子)·코머리·들병이

2패는 기생이 아닌 은군자들이다. 기생 비끌어진 것이 많아서 2패인데, 몰락한 사족(士族)의 부녀며 과부도 섞여 있었다. 주택가에 끼여 살면서 '은근'히 매춘했기 때문에, 단골이거나 차부(車夫) 등속의 안내가 없으면 접하지 못했다. 인력거 타고 일몰에 은근히 찾아가서는 은근한 정을 나누고 은근히 물러나오게 마련이었다.

3패는 창녀이자 '다방머리'다. 한문으로 탑앙모리(塔仰謀利)라 썼는데, 드러누워서 돈을 번다는 뜻이다. 이들은 잡가(雜歌)로써 손을 대하며 매음을 하였다. 또 기생이 홍산(紅傘)을 받는 대신 3패는 청산(靑傘)으로써 그 신분을 표시했다. 구한말에 경무사 신태휴(申泰休)는 이들을 시궁골(南部 詩洞:지금 입정동)에 거주 제한을 하고 그 거하는 곳을 '상화실(賞花室)'로 이름지었다. 이들 '시궁골 3패'는 조중응(趙重應) 자작이 기생 칭호를 허락하면서, 또 1909년에 신창조합(新彰組合)을 결성하면서 기생과의 구별이 없어져서 결국은 이름이 사라져 버리고 말았다.

그렇지만 공창(公娼)은 분명히 일제의 수입품이다. 애당초 서울의 요리업자 11명이 유곽 설치를 출원했을 때, 영사는 동족의 추업(醜業) 상태를 한국인에게 노정(露呈)할 수 없다고 해서 그 신청을 각하했다. 그러자 소위 거류민단의 유력자들도 가담해서 영사 배척 운동이 일어났다. 이리하여 1904년 6월에 시작한 '신마치(新町)'의 인육시장은 처음 한때 낮에는 인육 값을 받지 않았다. 또 사람에 따라서는 월말 계산으로 한 달내 외상을 허락하였다. 1924년에는 이곳에 일인 340명, 한국인 267명의 '규타로(牛太郎:창녀의 별칭)'가 있었는데, 당시의 인구에 비례해서 일인이 압도적으로 많았다는 결론이다. 그 무렵 이곳에 출입함을 '남극 탐험을 간다'고 했는데, '신마치'란 서울 남쪽, 지금 묵정동(墨井洞) 일대였기 때문이다.

이밖에 구한국시대의 매춘부로는 사당·색주가(色酒家)·코머리·들병이하며 감인(甘人)이라는 부류가 있었다. 사당은 모갑(某甲)이라는 영도자를 중심으로 집단을 형성하여 부락에서 부락, 절에서 절로 떠돌아 다니면서 흥행 겸 매춘에 종사하였다. 그 집단은 거사(居士)라 하는 남자가 '사당'인 여자와 부부의 관계로서 참가하는데, 이러한 수개 내지 수십의 커플로서 구성되게 마련이었다.

이리하여 거사는 사당을 등에 업고 부락으로 절로 이동하면서 세탁, 기타 일체의 잡역까지도 도맡아 했다. 손이 없으면 동침하지만, 손이 요구하면 언제라도 아내인 사당을 제공하되, 화대는 거사가 소유하는 법이다. 그 대신 거사는 사당의 의복이나 식료품, 화장품, 기타 모든 지출을 책임졌다. 마을 밖 광장 같은 곳에서 사당패가 흥행하면 손은 그 중 한 사당을 지명하여 모갑에게 동침을 청했다. 또 손이 돈을 입에 물고 '돈이야 돈이야' 하면 사당이 와서 입으로 그 돈을 받아 가졌다.

색주가는 시장·항구·대로변과 광산 같은 곳에서 술도 팔고 매음도 했다. 색주가 계집들은 음담패설과 잡가로 술시중을 들다 그 방 술상머리에서 매음에 응했던 것이다. '코머리'는 일선에서 물러난 퇴기(退妓)로서 색주가 등의 영업에 종사하는 자로, 머리를 비두(鼻頭)처럼 꾸몄다 해서 '코머리'인데 남을 매춘케 하는 한편 자신도 거기에 응했다.

'들병이'는 현대식으로는 돗자리 부대다. 산간이나 계

곡의 유원지에 출몰하면서 술과 안주를 팔며 술시중과 매음에도 응했다. '들병이'는 그처럼 술'병'을 '들'고 다니면서 매음했기 때문에 붙여진 이름이다.

화랑녀(花娘女)는 조선 제9대 성종 3년에 경기도 양성(陽城) 땅에서 발상했다고 한다. 이후 전선 8도에 번져간 화랑녀는 봄·여름은 어장이나 강항(江港), 원관(院館) 등 주막거리에, 가을·겨울에는 산간이나 승방에 유랑하면서 승·속을 가리지 않고 음행하였다. 항간에 음분한 여자를 '화냥년'이라고 하는 것은 화랑녀에서 비롯한 말이다.

'감인'은 일명 '백창(白娼)'으로 불려진 서양인 창녀들이다. 지금 태평로와 퇴계로 일대, 특히 일신초등학교 부근은 이들의 본거지인데 백계(白系) 러시아 계통이 많았다. 그런가 하면 중국 상해를 거쳐서 흘러드는 유태인 혼혈녀도 있었다. 해만 지면, 한낮에도 이들은 길바닥에 의자를 들어내 놓고 앉아서 오고가는 사람에게 '캄인'을 연발했다. 감인은 그들의 유객 구호인 '캄인'을 한자로 옮긴 데서 비롯한 말이다.

지은이 약력

1929년 경남 창녕군 출생
고려대 정치과 수학
시인

저   서
≪친일 문학론≫ ≪흘러간 성좌≫
≪이상전집≫ (편저)

한국사회풍속야사　〈서문문고 281〉

개정판 발행 / 1996년 3월 20일
개정판　2쇄 / 2007년 5월 15일
지은이 / 임 종 국
펴낸이 / 최 석 로
펴낸곳 / 서 문 당
주소 / 서울시 마포구 성산동 54-18호
전화 / 322-4916~8　팩스 / 322—9154
창업일자 / 1968. 12. 24
등록일자 / 2001.　1. 10
등록번호 / 제10-2093
ISBN 89-7243-481-7

초판 발행:1980년 12월 10일 * 잘못된 책은 바꾸어 드립니다.